普通高等院校测绘课程系列规划教材

摄 影 测 量 学

主　编　潘洁晨

副主编　王冬梅　李爱霞

参　编　文　睿　蔡庆空

西南交通大学出版社

·成　都·

图书在版编目（ＣＩＰ）数据

摄影测量学 / 潘洁晨主编. —成都：西南交通大
学出版社，2016.9（2021.11 重印）
普通高等院校测绘课程系列规划教材
ISBN 978-7-5643-4966-0

Ⅰ. ①摄… Ⅱ. ①潘… Ⅲ. ①摄影测量学 – 高等学校
– 教材 Ⅳ. ①P23

中国版本图书馆 CIP 数据核字（2016）第 205509 号

普通高等院校测绘课程系列规划教材
摄影测量学
主编 潘洁晨

责 任 编 辑	柳堰龙
封 面 设 计	何东琳设计工作室
出 版 发 行	西南交通大学出版社
	（四川省成都市二环路北一段 111 号
	西南交通大学创新大厦 21 楼）
发 行 部 电 话	028-87600564　028-87600533
邮 政 编 码	610031
网　　　　址	http://www.xnjdcbs.com
印　　　　刷	四川森林印务有限责任公司
成 品 尺 寸	185 mm × 260 mm
印　　　　张	13.75
字　　　　数	340 千
版　　　　次	2016 年 9 月第 1 版
印　　　　次	2021 年 11 月第 2 次
书　　　　号	ISBN 978-7-5643-4966-0
定　　　　价	35.00 元

普通高等院校测绘课程系列规划教材
编审委员会

编审委员会主任：黄丁发

编审委员会副主任：郑加柱　方渊明

编委会成员：（以姓氏笔画为序）

前　言

摄影测量学是测绘学的一门分支学科，随着信息时代的发展，3S 技术逐渐成熟，数字地球逐步发展，先进的仪器设备制造产业。摄影测量广泛应用于地形测绘、资源调查、灾害监测、城市规划、地理信息系统基础数据获取和数字化城市建设等领域。空间定位技术、解析空中三角测量、DOM 制作、影像匹配、自动变换匹配是摄影测量的核心技术，围绕着这些方法技术，摄影测量学的发展将更加完善。

随着科学技术的不断进步，摄影测量技术的发展也经历了模拟—解析—数字等不同阶段，本书在介绍摄影测量基本原理、方法与内涵时，对于模拟摄影测量部分仅做了适当的扼要介绍，进而过渡到解析与数字摄影测量，并介绍了摄影测量目前新技术倾斜摄影测量。这样既使初学者容易理解掌握所学基础理论内容，又有利于其了解摄影测量学科最新技术的发展。本教材系统介绍了影像信息的获取、摄影测量学的基础理论知识、外业控制及信息加工处理的知识，有利于学习者与所学其他专业知识的有机融合。另外，在附录中增加了目前生产上使用最广泛的数字摄影测量系统 MapMatrix 的实践操作。

本书由河南工程学院潘洁晨担任主编，王冬梅（黄河水利职业技术学院）、李爱霞（浙江水利水电学院）担任副主编。具体分工如下：第 1 章和第 8 章由蔡庆空（河南工程学院）编写；第 2 章由文睿（河南工程学院）编写；第 3 章和第 7 章由王冬梅（黄河水利职业技术学院）编写；第 4 章和第 5 章及附录由潘洁晨（河南工程学院）编写；第 6 章和第 9 章由李爱霞（浙江水利水电学院）编写。全书由潘洁晨负责统稿、定稿，并对部分章节进行补充和修改。

由于作者水平有限且时间仓促，书中尚有不足与不妥之处，敬请专家和广大读者批评指正。有任何建议和意见请随时和我们联系（E-mail：pjc903@163.com），我们将及时给予回复，并将意见反馈在再版教材中。

编　者

2016 年 6 月

目　录

第1章 绪 论

【学习目标】

　　理解摄影测量学的定义。掌握基于摄影距离的分类方法，了解航天摄影测量、航空摄影测量、地面摄影测量等各自的定义。掌握基于研究对象的分类方法，了解地形摄影测量和非地形摄影测量各自的主要任务。了解摄影测量学的任务，清楚摄影测量学的地位和作用。掌握基于摄影测量技术方法的分类方法，了解模拟摄影测量、解析摄影测量和数字摄影测量的特点。了解摄影测量的历史及发展概况，清楚摄影测量学发展过程、现状和发展趋势。通过本章的学习，建立对摄影测量学的总体认识，培养对测绘科学的学习兴趣。

第1节　摄影测量学的定义和任务及分类

一、摄影测量学的定义和任务

　　摄影测量学是对研究的物体进行摄影、量测和解译所获得的影像，获取被摄物体的几何信息和物理信息的一门科学和技术。摄影测量学的内容包括：获取被摄物体的影像，研究单张和多张像片影像的处理方法，包括理论、设备和技术，以及将所测得的成果以图解形式或数字形式输出的方法和设备。

　　摄影测量的主要特点有：被摄对象可以是固体、液体或气体，可以是动态或静态的，可以是巨大的宇宙星体，也可以是微小的细胞组织；在影像上进行量测与解译等处理，无须接触物体本身，因此较少受到自然和地理条件的限制；可以获得动态物体的瞬间影像，完成常规方法中难以实现的测量工作，地形测绘范围大、成图快、效率高；获得的像片及其他各种类型影像均是客观物体或目标的真实反映，信息丰富、逼真，可以从中获得所研究物体的大量几何信息和物理信息；产品形式可以是纸质地形图、数字线划图（DLG）、数字高程模型（DEM）和数字正摄影像（DOM）等地图产品。

　　作为测绘学的分支学科，摄影测量学的主要任务是测绘各种比例尺的地形图、建立数字地面模型，为各种地理信息系统和土地信息系统提供基础数据。摄影测量学要解决的两个问题是几何定位和影像解译。几何定位就是确定被摄物体的大小、形状和空间位置。影像解译是确定影像对应地物的性质。目前，采用计算机技术自动识别和提取物理信息是摄影测量学的主要发展方向之一。

随着航空航天技术和电子技术的飞速发展，摄影测量学科领域的研究对象和应用范围不断扩大。20 世纪 70 年代，美国陆地卫星发射成功，使得遥感技术作为一门新兴技术得到了广泛应用。在遥感技术中，传感器类型除了传统摄像机以外，还包括多光谱扫描仪、成像光谱仪、合成孔径侧视雷达等，这些传感器能够提供多时相、多光谱、多分辨率的影像信息。随着摄影测量的发展，摄影测量与遥感之间的界限变得越来越模糊，并逐步发展为摄影测量与遥感学科。正因为如此，国际摄影测量与遥感学会 ISPRS（International Society Photogrammetry and Remote Sensing）于 1988 年在日本京都召开的第 16 届大会上给出摄影测量与遥感的定义：摄影测量与遥感乃是对非接触传感器系统获得的影像及其数字表达进行记录、量测和解译，从而获得自然物体和环境的可靠信息的一门工艺、科学和技术。

二、摄影测量学的分类

摄影测量按摄影机平台的位置不同可分为航天摄影测量、航空摄影测量、地面摄影测量、水下摄影测量和显微摄影测量。航天摄影测量又称遥感技术，是将传感器安置在航天器或卫星上对地面进行遥感，用于资源调查、环境保护、灾害监测、地形测绘、农业、林业、地质调查和军事侦察等领域。航空摄影测量是将摄影机安置在飞机平台上对地面进行摄影，主要用于测制各种比例尺的地形图。地面摄影测量是将摄影机安置在地面上对目标进行摄影，主要包括地面立体摄影测量和近景摄影测量。水下摄影测量是将摄影机置于水中，对水中的目标进行测量或对水下地表面进行摄影以获得水下地形图。显微摄影测量是将微小目标物放大几千倍甚至上万倍的情况下进行摄影成像。

按研究对象的不同，摄影测量又分为地形摄影测量和非地形摄影测量。地形摄影测量是以地表形态为研究对象，生产各种比例尺的地图产品。非地形测量一般是指近景摄影测量，其研究对象体积和面积较小，摄影机离目标距离较近，主要用于工业、建筑、考古、生物医学、变形监测、弹道轨道与军事侦察等方面。

按摄影测量技术处理手段的不同，摄影测量可分为模拟摄影测量、解析摄影测量和数字摄影测量。

第 2 节　摄影测量学的发展阶段与发展趋势

一、摄影测量的发展阶段

摄影测量发展至今可分为模拟摄影测量、解析摄影测量和数字摄影测量三个发展阶段。

（一）模拟摄影测量

1839 年达古赫（Daguerre）研制出第一张像片之后，摄影测量学开始了它的发展历程。

1851—1859 年法国法国陆军上校劳赛达（A. Laussedat）提出并进行的交会摄影测量，被称为摄影测量学的真正起点，但该技术仅限于处理地面的正直摄影，主要用于建筑物摄影测量。1901 年国际摄影测量学会 ISP（International Society for Photogrammetry）成立，之后又更名为国际摄影测量与遥感学会 ISPRS（International Society for Photogrammetry and Remote Sensing）。20 世纪初，维也纳军事地理研究所按奥雷尔的思想制成了"立体自动测图仪"，后来由德国卡尔·蔡司厂进一步发展，成功地制造了实用的"立体自动测图仪"。经过半个世纪的发展，到 20 世纪 60—70 年代，这类仪器发展到了顶峰。为了避免烦琐的计算，人们只好利用光学器械"模拟"装置，通过这些仪器来交会被测物体的空间位置，实现了复杂的摄影测量计算，这就是所谓的"模拟摄影测量"阶段。在模拟摄影测量阶段，摄影测量的发展基本是围绕昂贵的立体测图仪进行的。根据投影方式的不同，模拟测图仪分为光学投影、光学-机械投影、机械投影三种类型。图 1.1 为 Wild A10 模拟立体测图仪。

图 1.1　Wild A10 模拟立体测图仪

（二）解析摄影测量

随着模/数转换技术的实用化、计算机技术与自动控制技术的发展，Helava（海拉瓦博士）于 1957 年提出了一个摄影测量的新概念，即"用数字投影代替物理投影"，标志着解析摄影测量的开始。所谓"物理投影"就是指"光学的、机械的，或光学-机械"的模拟投影。"数字投影"就是利用计算机实时地进行共线方程的解算，从而交会得到被摄物体的空间位置，从此迈进了"解析摄影测量"阶段。解析摄影测量是以电子计算机为主要手段，通过对摄影像片的量测和解析计算方法的交会方式来研究和确定被摄物体的形状、大小、位置、性质及其相互关系，并提供各种摄影测量产品的一门科学。

1976 年召开的国际摄影测量大会上，七家仪器厂商展示了 8 种型号的解析测图仪，解析测图仪才逐渐成为摄影测量的主要测图仪。到 20 世纪 70 年代末至 90 年代初，解析测图仪的发展进入鼎盛时期，并进入民用领域。摄影测量在这一时期代表性的仪器设备是"解析立体测图仪"。图 1.2 为德国 Zeiss 厂 C-100 型解析测图仪，图 1.3 为瑞士 Kern 厂 DSR-1 型解析测图仪。

解析摄影测量的发展，使其不再受模拟测图仪的限制，而具备了新的活力。通过对待测目标进行各种方式的摄影，进而研究和监测器外形和几何位置，如不规则物体的外形测量、动态目标的轨迹测量、病灶变化与细胞成长等不可接触的测量，解析摄影测量的应用领域十分广泛。

图 1.2　德国 Zeiss 厂 C-100 型解析测图仪

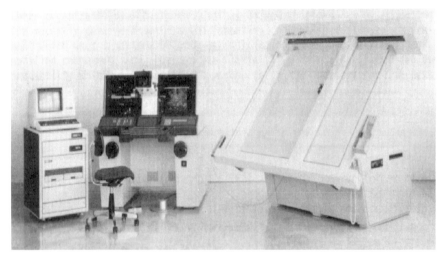

图 1.3　瑞士 Kern 厂 DSR-1 型解析测图仪

（三）数字摄影测量

用影像相关（或影像匹配）技术代替人眼立体量测与识别，实现影像几何与物理信息的自动提取，标志着数字摄影测量阶段的到来。数字摄影测量是基于摄影测量的基本原理，通过对所获取的数字/数字化影像进行处理，自动（半自动）提取被摄对象用数字方式表达的几何与物理信息，从而获得各种形式的数字化产品和目视化产品。随着计算机技术、数字影像处理、影像匹配、模式识别等多学科的不断发展，数字摄影测量已被公认为摄影测量的第三个发展阶段。20 世纪 60 年代初，美国研制出全数字自动化系统 DAMC，它是将由影像灰度转换成的电信号再转变成数字信号，然后由计算机来实现摄影测量的自动化过程。1992 年国际摄影测量与遥感大会上推出了基于 SUN、SGI 工作站的数字摄影测量系统。数字摄影测量与模拟、解析摄影测量的最大区别在于：它处理的原始信息不仅可以是像片，更主要的是数字影像或数字化影像；它最终是以计算机视觉代替人眼的立体观测，因而它所使用的仪器最终将只是通用计算机及其相应外部设备；其产品形式是数字的，包括数字地图、数字地面模型、数字正摄影像和数字景观图等。

20 世纪 90 年代数字摄影测量进入实用化阶段，并逐步取代传统的摄影测量仪器和作业方法。我国自主研制的全数字摄影测量系统 VirtuoZo（原武汉测绘科技大学）与 JX-4A（中国测绘科学研究院研制）已大规模应用于摄影测量生产中，并在国际上得到了应用。图 1.4 为 JX-4A 数字摄影测量工作站。

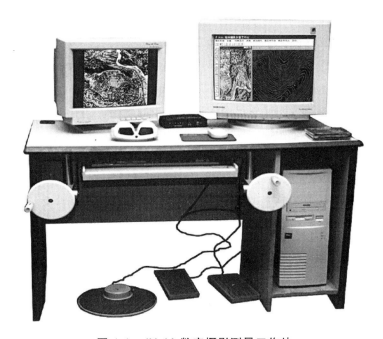

图 1.4　JX-4A 数字摄影测量工作站

表 1.1 列出了摄影测量发展的三个阶段的特点。

表 1.1　摄影测量三个发展阶段的特点

发展阶段	原始资料	投影方式	仪器	操作方式	产品
模拟摄影测量	像片	物理投影	模拟测图仪	手工操作	模拟产品
解析摄影测量	像片	数字投影	解析测图仪	机助 作业员操作	模拟产品 数字产品
数字摄影测量	数字化影像 数字影像	数字投影	计算机	自动化操作 +作业员干预	数字产品 4D

二、摄影测量的现状与发展趋势

传统的摄影测量经历着不断的发展，它不仅仅由"摄影测量"发展为"摄影测量与遥感"，而就其本身而言，它已完成了"模拟摄影测量"与"解析摄影测量"发展阶段，进入数字摄影测量阶段。而"实际上，摄影测量发展到数字摄影测量时期就是遥感"（王之卓语）。它将给摄影测量带来前所未有的革命，给摄影测量赋予全新的面貌。由此产生的数字摄影测量工作站必将以其无可比拟之优点，代替所有的常规的摄影测量仪器和设备，同时也将与遥感以及地理信息系统更加紧密地结合起来，最终发展成为不可分割的集成系统。

（一）从遥感的发展看摄影测量的发展

王之卓教授指出：遥感与摄影测量的具体内容可以相差很多，但都是因为两者所处的时代不同，科技水平不同，而本质都是一样的。"可以说遥感是代表摄影测量的发展"。

李德仁教授指出：遥感在经历了 30 多年的探索，到今天已取得了令人瞩目的成绩，从实验到应用、从单一技术到遥感科技领域、从单学科到学科综合、从静态到动态、从区域到全球、从地表到太空，无不表明遥感已经发展到相当的阶段。当代遥感的发展主要表现在它的多传感器、高分辨率和多时相特征。

（1）多传感器技术。已经覆盖大气窗口的所有部分，光学遥感技术可包含可见光、近红外和短波红外区域。热红外遥感的波长可达 8 μm，微波遥感观测目标物电磁波的辐射和散射，分被动微波遥感和主动微波遥感，波长范围为 1 mm ~ 100 cm。从目前的动向看，微波遥感将是今后极有前途的遥感手段。

（2）形成多极分辨率影像序列的金字塔，以提供从粗到精的对地观测数据源。全面体现在空间分辨率、光谱分辨率和温度分辨率三方面，长线阵 CCD 成像扫描仪可以达到 1 ~ 2 m 的空间分辨率，成像光谱仪的光谱细分可达到 5 ~ 6 mm 的水平。热红外辐射计的温度分辨率可从 0.5 K 提高到 0.3 K 乃至 0.1 K。

（3）可以反复获得同一地区影像数据的多时相性。可以用多颗小卫星实现每 3 ~ 5 d 对地重复一次采样，获得高分辨率成像光谱仪数据，多波段、多极化方式的雷达卫星，将能解决阴雨多雾情况下的全天候和全天时的对地观测。卫星遥感与机载和车载遥感技术的结合，是实现多时相遥感数据获取的有力保证。

（4）尽可能增加更多谱段的遥感数据。一方面充分利用能透过大气的各类电磁波谱段向红外、远红外和微波方面发展，另一方面则是细分光谱段。

（二）无人机倾斜摄影

随着社会信息化建设和"数字城市""智慧城市"建设的推进，社会对城市和地表信息的获取和处理提出了更迫切的需求。倾斜摄影测量作为一项高新技术，颠覆了以往正摄影像只能从垂直角度拍摄的局限。其通过在同一飞行平台上搭载多台传感器，同时从一个垂直、四个倾斜等五个不同的角度采集影像，将用户引入了符合人眼视觉的真实直观世界。

倾斜摄影技术是在摄影测量技术之上发展起来的，和摄影测量不同的是：倾斜摄影是通过在同一飞行平台上搭载多台传感器（目前常用五镜头相机），同时从垂直、倾斜等不同角度采集影像，获取地面物体更为完整准确的信息。垂直地面角度拍摄获取的影像称为正片（一组影像），镜头朝向与地面成一定夹角拍摄获取的影像称为斜片（四组影像）。图 1.5 所示是一组利用倾斜摄影技术获取的影像示意图。

图 1.5　一组影像获取示意图

而无人机因其成本低、适应性强、低空域等特点，使得以无人机为平台（见图 1.6），通过倾斜航空摄影有效采集地表地物与建筑纹理成为数字城市建设及地理国情监测技术发展的必然，它能够为社会提供更多、更好、更丰富精确的城市三维模型产品和服务。图 1.7 为不经过倾斜摄影技术处理和经过倾斜摄影技术处理的效果对比图。

图 1.6　倾斜摄影无人机

正射影像   倾斜影像

图 1.7　倾斜摄影效果对比图

【习题与思考题】

1. 简述摄影测量的概念、任务及分类。
2. 摄影测量经历了哪些发展阶段？
3. 简述摄影测量未来的发展趋势。

第 2 章　摄影与航空摄影

【学习目标】

摄影测量的前期工作就是利用各种摄影机对所量测目标进行摄影,获取量测目标的影像。本章主要学习摄影的基本原理与构造、各类摄影机的认识和了解、航空摄影的技术的基本要求、遥感影像的处理及应用。

第1节　摄影机概述

一、摄影的基本原理

摄影根据的是小孔成像原理:用一个摄影物镜代替小孔,在成像面处放置感光材料。当物体的投射光线经摄影物镜聚焦成像于感光材料上时,感光材料感光后发生光化学作用生成潜像,这种潜像再经过晒印或放大处理后即获得与实际地物明亮度一致的影像。

二、摄影机的基本结构

摄影的主要工具是摄影机。摄影机的种类很多,但基本结构大致相同,主要由镜箱和暗箱两部分组成,如图 2.1 所示。镜箱包括物镜筒、镜像体和成像面,是摄影机的光学部件。物镜筒内嵌有摄影物镜、光圈和快门,是摄影机的重要部件。物体的透射光线经物镜聚焦后进入摄影机,成像于像平面上。镜像体是一个封闭筒,用来调节摄影机物镜与像框平面之间的距离。暗箱用来存放感光材料。

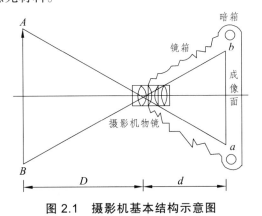

图 2.1　摄影机基本结构示意图

（一）摄影机物镜

摄影机物镜是摄影机中重要的部件，其品质的好坏直接决定了被摄物体的影像质量。

摄影机物镜是由多个透镜组合而成，在摄影时起成像和聚光作用。透镜两球面曲率中心的连线是透镜的光轴，物镜光学系统中诸透镜的光轴应重合为一，即为物镜的主光轴。

如图 2.2 所示，一平行于主光轴的光线 AB，经物镜组多次折射后得到折射光线 CD，与主光轴相交于 F'，AB 延长线与 CD 相交于点 h'，经过 h' 做垂直于主光轴的面 H' 所有平行于主光轴的投射光线，都在平面 H' 上发生折射现象。同样，当投射光线从物镜的另一方射入时，可得到点 F、点 h 和另一个折射面 H。这两个平面将空间分为两部分，物体所在的空间称为物方空间，影像所在空间称为像方空间。平面 H 和平面 H' 相应地被称为物方主平面和像方主平面。两平面与主光轴的焦点 S 和 S' 也相应地被称为物方主点和像方主点。折射光线与主光轴的交点 F 和称为物方焦点和像方焦点。像方主点 S' 到像方焦点 F' 之间的距离称为物镜的像方焦距，也用 F' 表示；同样的，物方主点到物方焦点之间的距离称为物方焦距，用 F 表示。

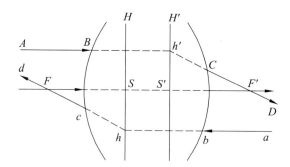

图 2.2　物镜的主光轴、主平面、主点、焦点

上面的像方空间和物方空间、像方主平面和物方主平面、像方主点和物方主点、像方焦点和物方焦点以及像方焦距和物方焦距等都是一一对应的。

（二）成像公式

在图 2.3 中，物方主平面 H 到物点 A 的距离 D 称为物距，像方主平面 H' 到像点 a 的距离 d 称为像距，物镜的焦距为 f，则

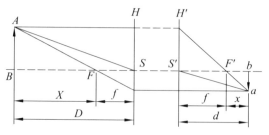

图 2.3　物镜的成像

$$\frac{1}{D}+\frac{1}{d}=\frac{1}{f} \tag{2.1}$$

公式（2.1）称为物镜构像公式。若物距和像距分别被取焦点 F 和 F' 为起算点，相应的物距和像距用 X 和 x 表示，则得构像公式的另一种形式，见公式（2.2）所示。

$$X \cdot x = f^2 \tag{2.2}$$

（三）物镜的像场和像场角

光线通过物镜后在像平面上的光照是不均匀的，照度由中央向边缘递减。若将物镜对光于无穷远，在焦面上会看到一个照度不均匀的明亮圆，如图 2.4 所示。这样一个明亮圆的范围称为视场，物镜的像方主点与视场直径所张的角 2α，称为视场角。在视场面积内能获得清晰影像的区域称为像场，物镜像方主点与像场直径所张的角 2β 称为像场角。为能获得全面清晰地构像，应取像场的内接正方形或矩形为最大像幅。像幅决定着物面或物空间有多的范围可以被物镜成像于像平面。为了充分利用像幅，也常用像场外切正方形作为像幅，虽然像幅的四个角落在像场以外，但是四角仅为标志，并不影响影像的质量。

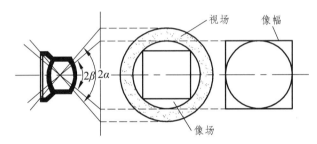

图 2.4　物镜的像场、像场角和像幅

（四）光圈和光圈号数

物镜边缘部分的投射光线会引起较大的影像模糊和变形。光圈的作用主要是控制和调节进入物镜的光量，并且限制物镜成像质量较差的边缘部分的入射光。摄影机大都采用虹形光圈，这种光圈是由多个镰刀形黑色金属薄片组成的，中央形成一个圆孔，孔径的大小可以用光圈环调节，光圈环是一个可以改变的光栏。当光圈完全张开时，进入物镜的光通量最大，反之最小。为使用方便，人们用光圈号数来表示光圈大小的状况，光圈号数是光圈有效孔径 d 与物镜焦距 f 之比的倒数 $K = f/d$，光圈号数越小，光圈光孔开启得越大，焦面上影像的亮度也越大；反之，则影像亮度就越小。光圈号数是一组以 $\sqrt{2}$ 为公比规律排列的等比级数，如下：

1.4　　2　　2.8　　4　　5.6　　8　　11　　16　　22

（五）摄影机快门

摄影机快门是控制曝光时间的机件装置。快门从打开到关闭所经历的时间称为曝光时间，或是快门速度。常用的快门有中心快门和帘式快门。中心快门由 2～5 个金属叶片组成，中心快门位于物镜的透镜组之间，紧靠着光圈，起遮盖投射光线经物镜进入镜箱体内的作用。曝光时利用弹簧机件使快门叶片由中心向外打开，让投射光线经物镜进入镜箱体中，使感光材料曝光，到了预定的时间间隔，快门又自动关闭，终止曝光。中心快门的优点是打开快门之后，感光材料就能满幅同时感光。航空摄影机和一般普通摄影机大多采用中心快门。帘式快门是安装在像框平面附近、感光材料的前面，一般由不透光的黑布卷帘做成。卷帘上有一与卷帘运动方向相垂直的长缝隙。启动曝光后，卷帘在感光材料前面滑行，缝隙所过之处即对感光材料实行曝光。帘式快门的优点是感光材料各部分的曝光量相同，且能是曝光时间控制得很短。

在摄影机物镜筒上有一个控制曝光时间的套环，上面刻有曝光时间的数据序列，如下：

B　　1　　2　　4　　8　　15　　30　　60　　125　　300

这些数值是以秒为单位的曝光时间倒数。例如，60 表示 $\frac{1}{60}$ 秒。符号 B 是 1 秒以上的短曝光标志，俗称 B 门时。指标对准 B 门时，手按下快门按钮，快门即打开；手一松开，快门立即关闭。

根据光圈号数、曝光时间、曝光量三者的关系可知，摄影时只要选择适当的光圈号数和曝光时间，就能得到恰当的曝光量，获得理想的影像。例如：原采用光圈号数为 4，曝光时间指标为 125 时得到正确的曝光量；若将光圈号数调至 5.6，仍要保持原有曝光量，就应将曝光时间指标调至 60。

（六）物镜的分解力

物镜的分解力是摄影机物镜的又一重要特征，物镜的分解力是指摄影物镜对被摄物体微小细部的表达能力。分解力一般以 1 mm 宽度内能清晰分辨的线条数来表示。

第 2 节　各类摄影机简介

摄影测量中所用的摄影机一般可分为非量测用摄影机和量测用摄影机。非量测用摄影机是指在日常生活中使用的普通摄影机，量测用摄影机属于专业摄影机，提供适合摄影测量用的像片或数字影像。摄影测量中使用的摄影机简称为航摄仪。

一、非量测用摄影机

非量测用摄影机是指不是专为摄影测量目的而设计的摄影机，其种类繁多，各类普通照相机、摄影机等均属于此类。其体积小，轻便灵活，价格低，可调焦对光满足清晰成像。普通摄影机按使用的软片可分为 120 型和 135 型摄影机。120 型摄影机的像幅为 6 cm × 6 cm，以手动对焦为主，功能较少，但由于胶片的面积较大，可以取得较好的影像质量。135 型摄影机的像幅为 24 mm × 36 mm，彩色软片多为此类型。现在的新式摄影机的功能均由人工操作变为自动操作。

二、量测用摄影机

量测用摄影机是指航空摄影测量、地面摄影测量以及近景摄影测量用的摄影机。这种摄影机的结构与普通摄影机基本相同，但其在镜头的精密程度和结构上更为精密和复杂。物镜要求具备良好的光学特性，其物镜的畸变差要小，分辨率要高，透光率要强。机械结构要稳定，要求在较长的时期内能保持内在关系不发生变化。

航摄仪在空中摄影时，由于物距较大，物镜都是固定调焦于无穷远点处，像距几乎等于摄影物镜的焦距。因此，量测用摄影机的像距是一个固定的已知值，这是测量用摄影仪的特征之一。

量测用摄影机镜箱体的后面，即物镜筒和暗箱的衔接处有一个金属的贴附框架，框架的四边严格地处于同一平面内，即像平面。框架的每一边中点各设有一个框标记号，也有设在框架的角隅处，前者为机械框标，后者为光学框标。在摄影曝光瞬间，感光材料展平并紧贴附在框标平面上，曝光的同时框标记号也成像于感光材料上，像点在像片平面上的位置就可以按像片上的框标坐标系来确定。量测用摄影机承片框上具有框标，这是此类摄影机的特征之二。

摄影机物镜后节点在像片平面上的投影称为像主点。像主点与物镜后节点之间的距离称为摄影机主距。像片主距和像主点在框标坐标系中的坐标值合称为摄影机的内方位元素，它们可在出厂检核中测定出来。量测用摄影机的内方位元素是已知的，这是它的特征之三。

（一）框幅式航空摄影机

1. 航摄仪的基本结构

框幅式航空摄影机是在感光胶片上记录影像信息的相机。其基本结构如图 2.5 所示。摄影机按小孔成像原理，在小孔处安装一个摄影物镜，在成像处放置感光材料，物体经摄影物镜成像于胶片上，胶片受摄影光线的光化作用后，经摄影处理可取得景物的光学影像。每次摄影只能取得一帧影像，像幅尺寸多为 23 cm × 23 cm，主要工作平台为飞机。其一般结构除了与普通摄影机有相同的物镜、光圈、快门等主要部件外，还有座架及其控制系统。利用座架使航摄仪与飞机连接起来，并减少飞机振动的影响。控制系统可以启动和终止航摄仪工作、控制曝光时间和调整航摄的工作速度等。

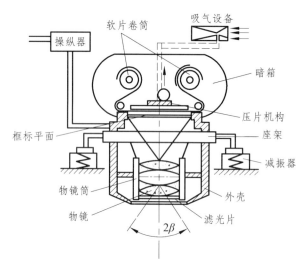

图 2.5　框幅式航摄仪基本结构示意图

航摄仪通常按像场角（或焦距）分类，如表 2.1 所示。当像幅一定时，焦距短则像场角大，焦距长则像场角小，故航摄仪按像场角分类与按焦距分类意义相同。

表 2.1　按像场角（或焦距）分类的摄影机

摄影机分类	焦距/mm	像场角（2β）
短焦距摄影机	<150	>100°
中焦距摄影机	150 ~ 300	70° ~ 100°
长焦距摄影机	>300	≤70°

航摄仪像幅有 18 cm × 18 cm 和 23 cm × 23 cm 两种，现代航摄仪多为 23 cm × 23 cm，较大的像幅可以增大地面覆盖面，降低成本，提高精度。

2. 对航摄仪的基本要求

摄影像片是摄影测量中用以定位和测图的依据，因此对摄影仪的质量要求要比普通摄影机高得多。

（1）镜头质量要求分解力高、畸变小、透光力强、焦面照度分布均匀、光学影像反差能力大。

（2）快门具有较宽的曝光时间变更范围和曝光系数。

（3）安装在飞机上的航摄仪应具有良好的减振作用。

（4）要有精密的压平装置，以减少像片的压平误差。

（5）要有精密的内方位元素和框标标志。

（6）要有完整的自动控制装置。空中工作复杂、要求精确，没有自动控制装置很难获得高质量的像片。

（7）应有足够的附加记录，如框标标志、压平标志、片号等，为影像的测量处理工作提供必要的技术参数。

（二）CCD 数字航空摄影机

随着计算机和 CCD 技术的发展，测量型航空摄影机出现了可直接获取数字影像的数字航摄仪，可同时获取黑白、天然彩色及彩红外数字影像，具有无须胶片、免冲洗、免扫描等特点，减少了传统光学航摄获取影像的多个环节。

CCD 是英文 Charge Coupled Device 的缩写，意为电荷耦合器件。与传统胶片相比，CCD 更接近于人眼视觉的工作方式。其感光的过程就是光子冲击感光元件产生信号电荷，并通过 CCD 上 MOS 电容进行电荷存储、传输的过程。CCD 传感器对曝光量的响应是线性的，曝光量越大，像素的亮度值也越大。而在同样的曝光区间内，胶片的感光特性曲线则是非线性的。因此，CCD 传感器获得的数字影像可以更真实、准确地反映出图像的亮度信息。

数字航摄仪可分为框幅式（面阵 CCD）和推扫式（线阵 CCD）两种。由于受到 CCD 制作工艺的限制，大尺寸面阵 CCD 的次残品率很高。为了不降低飞行效率，使一次飞行获取的地面范围与传统航摄相当，一般数字航摄仪通过多镜头并行操作的办法来解决大范围地面覆盖需求与面阵尺寸较小之间的矛盾。线阵 CCD 的制造相对简单，较容易制造出大扫描宽度的数字航摄仪。

1. DMC 系统

DMC（Digital Mapping Camera）系统是德国 Z/I IMAGING 公司研制开发的，基于面阵 CCD 技术，将最新的传感器技术与最新的摄影测量与遥感影像处理技术相融合，由多个光学机械部分组装成的高精度、高性能的测量型数字航摄仪。它技术上突破的标志在于从完成小比例尺摄影项目到能够完成高精度、高分辨率的大比例尺航摄项目。

DMC（见图 2.6）基于面阵 CCD 的设计，保证了类似胶片一样严格的几何精度，即使在 GPS 信号完全失去，运行器不稳定和光照条件较差的情况下仍具有获得高质量图像的可能性。

DMC 镜头系统（见图 2.7）是由 Carl Zeiss 公司特别设计和生产的，由 8 个镜头组合而成，其中 4 个全色镜头、4 个多光谱镜头。每个单独镜头配有大面阵的 CCD 传感器，这些传感器由 DALSA 公司制作的。4 个全色镜头的 CCD 传感器为 7 K × 4 K，4 个多光谱镜头的 CCD 传感器为 3 K × 2 K。

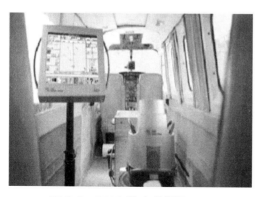

图 2.6　DMC 数字航摄仪

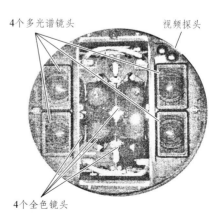

图 2.7　DMC 数字航摄仪镜头系统

在航摄飞行中，DMC 数字航空摄影机的 8 个镜头同步曝光，4 个全色镜头分别获得 7 K×4 K 的数字影像，4 个多光谱镜头分别获得 3 K×2 K 的数字影像。

在镜头的设计和安装过程中，将 4 个 7 K×4 K 的全色镜头固定在相机的内侧，并实现 4 个全色镜头航飞获得的数字影像有部分重叠。通过镜头的几何检校、影像匹配以及相机自检校和光束法空三技术等将 4 个全色镜头获得的 4 个中心投影的影像拼合成 1 幅具有虚拟投影中心、固定虚拟焦距的虚拟中心投影"合成"影像，分辨率为 7 680×13 824。

同样，4 个多光谱镜头能获得覆盖 4 个全色镜头所获得影像范围的影像，通过影像匹配和融合技术，可将 4 个多光谱镜头获得的影像与全色的"合成"影响进行融合，进而获得高分辨率的天然彩色影像数据或彩红外影像数据。

DMC 数字航摄仪通过全色影像的"镶嵌"，全色与多光谱影像的融合实现多波段对地的大面积覆盖。因此，DMC 数字航摄仪一次飞行可同步获取黑白、真彩色和彩红外相片数据。

2. ADS40 数字航空摄影机

ADS40 数字航摄仪（见图 2.8）由瑞士徕卡公司出品，基于航天传感器线阵扫描和全球定位系统、IMU 复合姿态测量技术获取数字影像，利用该传感器进行航空摄影，不需经过扫描，一次摄影即可同时获取多个通道的黑白、彩色和彩红外影像。

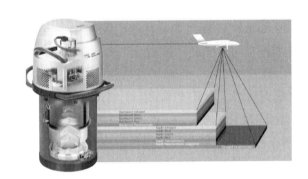

图 2.8　ADS40 数字航空摄影机

ADS40 的出现使得遥感和摄影测量之间的界限更加模糊，它采用航天平台的传感器技术，飞行在比其他航摄仪工作高度更高的大气层空间，能够同时采集地面大范围的全色和多光谱影像，是一种适合中小比例制图需求的数字航摄系统。

ADS40 相机采用单个镜头成像，相比 DMC 数字航摄仪采用的多镜头感光拼合成像方式：ADS40 的镜头口径更大，采用大口径镜头的优点在于相同工艺条件下，镜头口径越大，镜头的畸变差就越小，成像的质量也就越高；单镜头成像比多镜头成像在原理上更为简单，更易于实现，故障率更低，检校也更加方便。

ADS40 光学系统中另外一个独特的设计是它的分光镜组件。它能够尽可能地减少入射光能量损失，可见光通过 ADS40 的分光镜组件时被按照 RGB 三种色光分出，落在焦平面上各自对应的不同区域。这种分光组件的设计使得负责 RGB 三色感光的 CCD 线阵能够同时对地面相同的区域获取影像。

ADS40 特别的镜头和光路设计，能够实现对波长范围的选择。控制 CCD 传感器接收到的多光谱 RGB 和近红外波长范围不出现重叠，从而使图像具有更理想的解译性能。

与 DMC 面阵航摄仪相比，ADS40 数字航摄仪采用的 CCD 传感器成像器件是线阵式的排列，即每次摄影能得到一行影像。ADS40 的焦平面可以容纳 15 条 CCD 线阵，每 3 条 CCD 线阵为一组，最多可以同时容纳 5 组。

典型的 ADS40 使用了 10 条 CCD 线阵：其中 4 条 12 K 的线阵用于 RGB 和 NIR 的多光谱感光；全色波段使用了前视、下视和后视 3 个方向感光，用于获取立体影像。其中，前视方向与下视方向的夹角为 28.4°，后视方向与下视方向的夹角为 14.2°，加上 RGB 和近红外 4 个波段，这样使得 ADS40 可以利用一次飞行获得丰富的影像信息，并且，每个方向感光传感器使用的都是两条 12 000 个元件的 CCD 线阵，并以半个像素的大小交错排列，以获得更高的地面分辨率。

ADS40 的成像方式不同于传统航摄仪的中心投影构像，传统航摄是在航线上按照设计的重叠度拍摄若干张像片，比如采用 60% 的航向重叠度飞行，所拍摄地面就可以有 60% 的面积同时出现在 3 张像片上[见图 2.9（a）]，后期的制图处理还需要对影像进行拼合。ADS40 得到的是多中心投影影像[见图 2.9（b）]，每条扫描线对应其单独的投影中心，拍摄到的是一整条带状无缝隙的影像，同一条航线的影像不存在拼接的问题。

 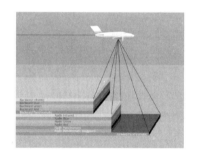

（a）一般航摄仪　　　　　　　　　　　（b）ADS40 航摄仪

图 2.9　ADS40 与传统航摄仪获取影像方式的比较

3. Leica ADS80 机载数字摄影测量系统

2008 年 7 月推出的 Leica ADS80 机载数字航空摄影测量系统是目前最先进的推扫式机载数字航空摄影测量系统。ADS80 集成了高精度的惯性导航定向系统和全球卫星定位系统，采用 12000 像元的三线阵 CCD 扫描和专业的单一大孔径镜头，一次飞行就可以同时获取前视、下视和后视的具有 100% 三度重叠、连续无缝的、具有相同影像分辨率和良好光谱特性的全色立体影像以及彩色影像和彩红外影像。

ADS80 系统具有航摄周期短、成图快等特点，可同角度同时获取 5 个波段（R、G、B、IR、PAN）专业的影像来满足当前航测制图与遥感应用需求。特别是采用 GPS 精密单点定位技术进行无 GPS 基站飞行作业后，使用该系统无须进行外业控制测量就可以直接进行加密和测图，不仅大大减少了外业控制测量工作及成本，更是提高了工作效率，缩短了成图周期。目前，ADS80 系统已在测绘、规划、国土、铁路、水利等行业得到了很好的应用。

4. UltraCAM 数码航空摄像机系统

UltraCAM 数码航摄系统作为 VEXCEL 公司 2003 年面世的产品，一直以其优异的性能、超凡的表现备受关注，特别是 UltraCAM-D（UCD）获取的高精度、高重叠度影像使得多目视觉理论在航摄中的应用成为可能。为了获取大幅面中心投影的影像，UltraCAM 数码航摄系统在每个镜头承影面上精确安置了不同数量的 CCD 面阵：全色波段 4 个镜头对应呈 3×3 矩阵排列 9 个 CCD 面阵，多光谱波段的 4 个镜头分别对应另外 4 个 CCD（见图 2.10）。UltraCAM 系统所使用的 13 个 CCD 面阵尺寸均为 4 008×2 672 像素，其中形成全色影像的 9 个 CCD 之间存在一定程度的重叠，获取的影像数据通过重叠部分影像精确配准，消除曝光时间误差造成的影响，生成一个完整的中心投影影像。

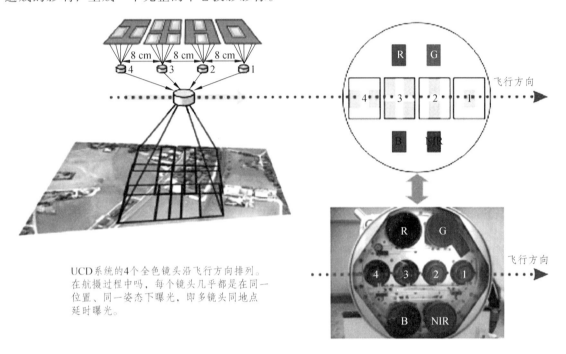

UCD系统的4个全色镜头沿飞行方向排列。在航摄过程中吗，每个镜头几乎都是在同一位置、同一姿态下曝光，即多镜头同地点延时曝光。

图 2.10　UltraCAM 系统的镜头成像

UltraCAM 系统集成精密光学机械加工、高速信号处理、海量数据存储与处理技术为一体，同时兼容目前国内外绝大多数数字摄影测量工作站，具有超值的经济性。

5. SWDC 系列数码航空摄影仪

在中国测绘科学研究院、北京思维与案件信息技术有限公司、河南理工大学、首都师范大学等单位的共同努力下，经过四五年的研究实验，中国航空摄影所期盼的国产新型实用数字航空摄影仪 SWDC-1、SWDC-2 和 SWDC-4 相机研制成功，经过在山西、内蒙古、北京、山东、四川、河南等六地大量的飞行试验，已达到实用化程度。

SWDC 基于高档民用相机，经过加固、精密单机检校、平台拼接、精密平台检校，并配备测量型 GPS 接收机、GPS 航空天线、数字罗盘、航空摄影管理计算机、地面的后处理计算机和大量的空中软件、地面软件，是一种集航空摄影与航空摄影测量为一体的整体解决方案。

其中的关键技术是多相机高精度拼接（即虚拟照片生成技术）得到了突破性进展，并已实现了无摄影员操作的精确 GPS 定点曝光，如图 2.11 所示。

图 2.11 SWDC 数字航空摄影仪

SWDC 适合中国国情，其显著特点是：可更换三种镜头；视场角大；高程精度高；四个内置（内置平台、内置导航定点曝光、内置测量型 GPS、内置电源）。既适用于城市大比例尺地形图测绘和正射影像制作图，也适用于国家中小比例尺地形图的测绘。

SWDC 系列产品有单镜头、双镜头和四镜头三种，但四镜头（SWDC-4）相机最适合航测使用，但若用户经费不足时也可选择另两种。

SWDC-4 的技术优势：

（1）SWDC-4 可更换 35 mm、50 mm、80 mm 三种镜头，其中 80 mm 焦距的技术指标和进口数码相机几乎一样，而短焦距的又可以用在有高程精度要求的场合和国家中小比例尺的地形图测绘。

（2）接近方形的影像（11∶8）与传统照片形状相似，符合作业员习惯。

（3）由于拼接影像的内部重叠度为 10%，大大高于其他数码相机，为拼接影像的色彩均衡提供了基础，避免了四块影像四种色调的问题，有利于正射影像的制作。

（4）内置的双频 GPS 接收机可实现高精度定点曝光，并记录曝光时刻的位置数据，为 GPS 辅助空三提供原始数据，大量节省外业控制点。

（三）传统框幅式航摄仪与数字航摄仪的区别

1. 成像过程不同

框幅式航摄仪利用胶片感光来获取负片，数字航摄仪采用 CCD 直接获得数字影像。框幅式航摄仪一次飞行只能获得一种影像，数字航摄仪可同时获取全色、真彩色及彩红外影像。现代的电子技术和计算机技术使 CCD 的光学动态范围比胶片的宽容度要大，因此 CCD 获得的影像更容易进行色彩还原。数字航摄仪影像的计算机处理不仅比胶片的影像处理更加方便，减少了冲洗、扫描等环节，而且避免了影像信息的损失。

2. 影像存储介质不同

框幅式航摄仪的影像是以化学方法记录在卤化银胶片上，而数字航摄仪的影像是以数字的方式存储在磁介质或数字光盘上。

3. 像移补偿方式不同

由于飞机的飞行速度很快，航摄仪在拍摄时必须采用像移补偿装置来防止出现影像在飞行方向的模糊。由于受胶片感光度的限制，胶片需要足够的曝光时间，所以框幅式航摄仪的像移补偿方法是机械式的，是使位于焦平面的胶片在曝光时以适当的速度移动来获得清晰的影像。数字航摄仪一般采用 TDI 的方式进行像移补偿，这种方式相当于同一像元的信号是从航向的多个 CCD 单元获得电流的累加获得，这既消除了像点位移，又保证了足够的曝光量。

总而言之，数字航摄仪的优势主要在于其获取信息的数字化，减少工作环节、丰富目标物的信息量，其数字信息可以借助各种媒介实现信息的实时广泛传递。

第 3 节　航空摄影

航空摄影是利用航空摄影机从飞机或其他航空器上获取指定范围内地面或空中目标的图像信息，利用影像生成对应区域的正射影像图，为国民经济建设、国防建设和科学研究提供基础数据支持的技术。它一般不受地理条件限制，能获取广大地域的高分辨率像片。航空摄影能为航空摄影测量提供影像等基础资料。

航空摄影机主光轴在曝光瞬间与铅垂线的夹角叫作像片倾斜角。根据倾斜角的大小，可把航空摄影分为竖直航空摄影和倾斜航空摄影。

一、竖直航空摄影

像片倾斜角等于 0° 时，像片平面与地面平行，称为竖直航空摄影。但是由于摄影平台在实际飞行的过程中会受到各种因素的影响，飞机不可能始终保持平稳的飞行状态，致使航摄仪的主光轴偏离铅垂方向，像片倾斜角不可能绝对等于 0°。一般凡是倾斜角不超过 3° 的均称之为竖直航空摄影，目前航空摄影主要是这种类型。

（一）航空摄影的技术流程

航空摄影一般由用户单位提出航摄任务和具体要求，并向当地航空主管部门申请升空权后由承担航摄的单位负责组织具体实施。航空摄影的全过程如图 2.12 所示。

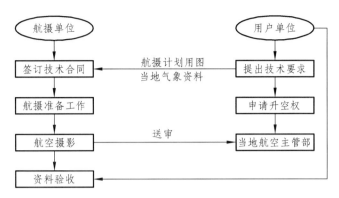

图 2.12　航空摄影全过程流程图

1．提出航摄技术要求

用户单位在确定航摄任务时应根据航摄规范、本单位的具体情况进行分析，一般可从以下几个方面考虑航摄规范约束之外的具体技术要求：规定摄区范围；规定摄影比例尺；规定航摄仪型号与焦距；规定航摄胶片型号；规定航向重叠和旁向重叠的要求；规定底片冲洗时间；规定任务执行的季节与时间期限；规定航摄成果应提供的资料名称和数量。

2．签订技术合同

用户单位明确航摄任务的具体技术要求后，应携带航摄计划用图和当地气象资料与承接方进行具体协商。双方应对航摄任务中提出的技术指标进行磋商，在平等、真实、自愿的基础上，经充分讨论确定之后，用户单位和承担航摄任务的单位签订航摄任务技术合同。

3．申请升空权

签订合同后，用户单位应向当地航空主管部门申请升空权。在申请报告书中应明确说明航摄高度、航摄日期等具体数据，还应附上标注经纬度的航摄区域略图。

4．航摄准备工作

承担航摄任务的航摄单位在签订合同后，应开始进行航摄的准备工作：航摄所需耗材的准备，航摄仪的检定，航摄分区图，航摄分区航线图，飞机与机组人员的调配，等等。

5．航空摄影实施

航摄准备工作结束后，按照实施航空摄影的规定日期，选择晴朗无云的天气，调机进入摄区机场进行航空摄影。如图 2.13 所示，飞机进入航摄区域后，按设计的航高、航向由第一条航线保持平直飞行进入摄影区，在飞机穿越摄影开始标志时打开航摄仪进行自动连续摄影，当飞机穿越摄影终止标志时关闭航摄仪，第一条航线摄影工作完成。飞机继续前飞直到飞出方向标志时开始转弯，进行第二条航线的飞行摄影。如此往返，直到完成整个摄区所有航线的摄影工作为止。如果测区面积较大或测区地形复杂，可将测区分为若干分区，按区进行摄影。在进行大比例尺航空摄影或是测区较小时，为了保证旁向重叠度，也可以采取单向进入测区的方式拍摄。

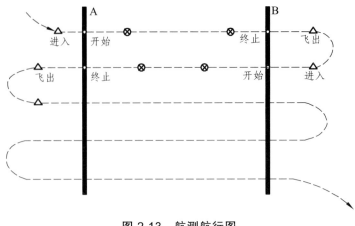

图 2.13　航测航行图

飞行完毕后，应尽快进行影像处理，对像片进行检查、验收与评定，以此来确定是否需要重摄或是补摄。

6. 送　审

申请升空权和送审航摄像片是各国在航空摄影时必须遵守的制度，航摄单位在完成航摄工作后，应将航摄像片送至当地航空主管部门进行安全保密检查。

7. 资料验收

送审并确定合格后，用户单位将以合同为依据进行验收。验收资料的主要内容是：检查摄影资料的飞行质量和摄影质量，检查航摄资料的完整性等。

（二）对摄影资料的基本要求

航空摄影获取的像片是航空摄影测量成图的原始依据，航摄像片的好坏直接影响测图精度，因此，航空摄影测量对摄影像片质量和飞行质量均有严格要求。

1. 影像的色调

要求影像清晰，色调一致，反差适中，像片上不应有妨碍测图的阴影。

2. 像片重叠度

为满足测图的要求，使影像既覆盖整个测区又能够进行立体测图，相邻相片应有一定的重叠，如图 2.14 所示。

同一航线上相邻像片间的影像重叠叫作航向重叠，相邻航线间的重叠称为旁向重叠。重叠度是用像片重叠部分与像片边长比值的百分数来表示。航向重叠一般规定为 60% ～ 65%，最小不得小于 53%，最大不大于 75%。旁向重叠一般规定为 30% ～ 35%，最小不小于 13%，最大不大于 50%。如果重叠度小于最低要求，称为航摄漏洞，必须补摄。如果重叠度过大，将影响作业效率和提高作业成本。

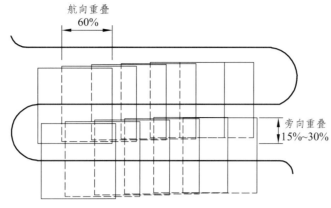

图 2.14　航向重叠和旁向重叠

3. 像片倾斜角

摄影机主光轴与铅直方向的夹角称为像片的倾斜角。倾斜角为 0° 时的垂直摄影，是最理想的状态，其上地物的影响一般与地面物体顶部的形状基本相似，像片各部分的比例尺大致相同。但飞机在航摄工作时受到其他因素的影响，不能保持完全的平直飞行，倾斜角的概略值可由像片边缘的水准器影像中的气泡位置判读。一般要求倾角不大于 2°，最大不超过 3°。

4. 航摄比例尺与航高

摄影比例尺又称为像片比例尺，由摄影机的主距和摄影的高度来计算，即

$$\frac{1}{m} = \frac{f}{H} \tag{2.3}$$

式中：m 为像片比例尺分母；f 为摄影机主距；H 为摄影高度或航高。摄影比例尺的确定取决于成图比例尺、摄影测量成图方法和成图精度，另外考虑经济性和摄影资料的可使用性。

摄影比例尺确定后，可根据公式计算航高，以获得符合生产要求的摄影像片。当然，在飞行中很难精确地控制航高，但是要求同一航线内各摄影站的高差不得大于 50 m。

5. 航线弯曲度

受技术和自然条件限制，飞机往往在飞行时不能按预定航线行驶而产生航线弯曲，造成漏摄或旁向重叠过小影响内业成图。航线弯曲度由偏离航线最大的主点距离与航向航线长度比值的百分数来表示（见图 2.15），一般要求不大于 3%。

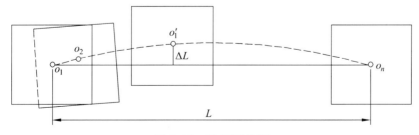

图 2.15　航线弯曲度

6. 像片旋角

相邻像片的主点连线与像幅沿航线方向两框标连线间的夹角称像片旋角，如图 2.16 所示。像片旋角是由于在空中摄影时，航摄仪定向不准而产生的。有的像片旋角会使重叠度受到影响，一般要求像片旋角不超过 6°，最大不大于 8°。

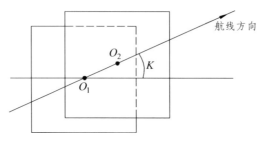

图 2.16　像片旋角

二、倾斜航空摄影

倾斜摄影是指由一定倾斜角的航摄相机所获取的影像。倾斜摄影技术是国际测绘遥感领域近年发展起来的一项高新技术，通过在同一飞行平台上搭载多台传感器，同时从垂直、倾斜等不同角度采集影像，以获取地面物体更为完整准确的信息。

（一）倾斜摄影的特点

（1）可以获取多个视点和视角的影像，从而得到更为详尽的侧面信息。

（2）具有较高的分辨率和较大视场角。

（3）同一地物具有多重分辨率的影像。

（4）倾斜影像地物遮挡现象较突出。

倾斜摄影可获取多个视角影像，全方位获取地物信息。相比传统建模方式，倾斜摄影可以更为快捷地获取建筑物的顶部及侧面纹理信息，并通过专业的数据处理软件快速生成三维模型，还原真实世界。

常用的影像数据主要来源于垂直角度（或倾角很小）的航空或卫星影像，这些影像大多只有地物顶部的信息特征，缺乏地物侧面详细的轮廓及纹理信息，不利于全方位的模型重建和场景感知。同时，这些影像上建筑物容易产生墙面倾斜、屋顶位移和遮挡压盖等问题，不利于后续的几何纠正和辐射处理。

（二）各类倾斜摄影机简介

新型多线（面）阵、多角度数码相机的应用（如 ADS40/80，SWDC 等）为多视影像和大角度倾斜影像的获取提供了可能；高性能倾斜摄影测量处理系统（OPS，如 Pictometry，MultiVision 等）的不断改进也使得倾斜影像的处理更加便利。

世界上较早的倾斜摄影相机是 Leica 公司 2000 年推出的 ADS40 三线阵数码相机，可提供地物前视、正视和后视 3 个视角的影像。美国 Pictometry 公司和天宝公司（Trimble）则专门研制了倾斜摄影用的多角度相机，可以同时获取一个地区多个角度的影像；我国的四维远见公司也研制了自主知识产权的多角度相机。

1. 三线阵相机系统

三线阵 ADS40/80 相机可以获取高分辨率的影像，并通过连续推扫式成像。其前视和后视相机可以提供同一航带上地物的倾斜影像。相机的前视倾角约为 28°，后视倾角约为 14°，获取的多视影像可以较为清晰地反映出地物的侧面纹理特征。此类影像处理很复杂，需要伴随高精度的 POS 数据，生成多级影像产品，但前后视倾角难以获取地物完整的侧面轮廓。

2. 三相机系统

天宝 AOS 倾斜相机系统由 3 台大幅面数码相机组成，一台下视获取垂直影像，另外两台获取倾斜角度在 30°～40° 的倾斜影像。通过旋转型架构结构，实现前后、左右倾斜和垂直 5 个方向的摄影。整个镜头在曝光一次后自动旋转 90°，以此获取地物 4 个方向上的侧视影像。

3. 五相机系统

SWDC-5 倾斜摄影相机由 5 台哈苏 H3D 相机组成，中间一台垂直摄影，其余 4 台分别向 4 个方向进行倾斜摄影，其倾斜角在 40°～45°，相机上方安置有 IMU 导航系统，同时集成 GPS 定位系统，可以在曝光瞬间准确获取相机倾角及外方位元素。Pictometry 相机系统由 5 台数码相机组成，一台获取垂直影像，另外四台从前、后、左、右 4 个方向同时获取地物的侧视影像。相机倾斜角度在 40°～60°，因此可以较为完整地获取地物侧面的轮廓和纹理信息。

（三）倾斜影像测量的关键技术

1. 多视影像联合平差

多视影像不仅包含垂直摄影数据，还包括倾斜摄影数据，而部分传统空中三角测量系统无法较好地处理倾斜摄影数据，因此，多视影像联合平差需充分考虑影像间的几何变形和遮挡关系。结合 POS 系统提供的多视影像外方位元素，采取由粗到精的金字塔匹配策略，在每级影像上进行同名点自动匹配和自由网光束法平差，得到较好的同名点匹配结果。同时，建立连接点和连接线、控制点坐标、GPU/IMU 辅助数据的多视影像自检校区域网平差的误差方程，通过联合解算，确保平差结果的精度。

2. 多视影像密集匹配

影像匹配是摄影测量的基本问题之一，多视影像具有覆盖范围大，分辨率高等特点。因此，如何在匹配过程中充分考虑冗余信息，快速准确获取多视影像上的同名点坐标，进而获取地物的三维信息，是多视影像匹配的关键。由于单独使用一种匹配基元或匹配策略往往难以获取建模需要的同名点，因此近年来随着计算机视觉发展起来的多基元、多视影像匹配，逐渐成为人们研究的焦点。

目前，在该领域的研究已取得很大进展，例如建筑物侧面的自动识别与提取。通过搜索多视影像上的特征，如建筑物边缘、墙面边缘和纹理，来确定建筑物的二维矢量数据集，影像上不同视角的二维特征可以转化为三维特征，在确定墙面时，可以设置若干影响因子并给予一定的权值，将墙面分为不同的类，将建筑的各个墙面进行平面扫描和分割，获取建筑物的侧面结构，再通过对侧面进行重构，提取出建筑物屋顶的高度和轮廓。

3. 数字表面模型生成和真正射影像纠正

多视影像密集匹配能得到高精度高分辨率的数字表面模型（DSM），充分表达地形地物起伏特征，已经成为新一代空间数据基础设施的重要内容。由于多角度倾斜影像之间的尺度差异较大，加上较严重的遮挡和阴影等问题，基于倾斜影像的 DSM 自动获取存在新的难点。可以首先根据自动空三解算出来的各影像外方位元素，分析与选择合适的影像匹配单元进行特征匹配和逐像素级的密集匹配，并引入并行算法，提高计算效率。在获取高密度 DSM 数据后，进行滤波处理，并将不同匹配单元进行融合，形成统一的 DSM。多视影像真正射纠正涉及物方连续的数字高程模型（DEM）和大量离散分布粒度差异很大的地物对象，以及海量的像方多角度影像，具有典型的数据密集和计算密集特点。因此，多视影像的真正射纠正，可分为物方和像方同时进行。在有 DSM 的基础上，根据物方连续地形和离散地物对象的几何特征，通过轮廓提取、面片拟合、屋顶重建等方法提取物方语义信息；同时在多视影像上，通过影像分割、边缘提取、纹理聚类等方法获取像方语义信息，再根据联合平差和密集匹配的结果建立物方和像方的同名点对应关系，继而建立全局优化采样策略和顾及几何辐射特性的联合纠正，同时进行整体匀光处理，实现多视影像的真正射纠正。

（四）无人机航空摄影

无人机摄影测量系统就是通过无线电遥控设备或是机载计算机程控系统操控无人飞机，通过无人机携带的高清相机在空中对所测物体连续拍照，获取高重合度的影像照片的一套系统。

无人机以高分辨率轻型数字遥感设备为机载传感器，以数据快速处理系统为技术支撑，具有对地快速实时调查监测能力，广泛应用于土地利用动态监测、矿产资源勘探、地质环境与灾害勘查、海洋资源与环境监测、地形图更新、林业草场监测以及农业、水利、电力、交通、公安、军事等领域。

1. 特 点

无人机数字航空摄影测量相对于传统的有人机航空摄影测量来说，具有不同的技术特点，如表 2.2 所示。

表 2.2　无人机与有人机在航测上的技术比较

名　称	无人机	有人机
测区面积	小面积航摄	大面积航摄
飞行高度	低空，不超过 1 000 m	一般在 1 000 m 以上
天气条件	对气象要求低	受天气影响较严重
机动性	可用多种方式灵活运送	机动性差，影响因素较多
空域	低空飞行，申请便利	受空域影响大
场地	支持多种起飞方式，场地要求低	必须租用机场
价格	获取小面积、高分辨率影响单价较低	获取大面积影像单价较低
拥有和使用	简单培训即可使用	一般用户不能自主拥有和使用
应急状态	还可以迅速获取航摄数据	受限较多

无人机是低空飞行，空域申请便利，可在短时间内完成升空准备；同时降低了对天气条件的要求，可快速完成测绘任务。系统为多种小型遥感传感器提供了良好的搭载平台，易于扩展检测功能，以满足多种快速监测需要。相对于载人飞机航摄系统，无人机低空遥感系统购置费用较低，且其运营、维护和操作手的成本都远远低于载人航摄系统。

2. 种　类

无人航空摄影测量系统主要由以下几部分组成：无人驾驶飞行器、飞行控制系统、影像获取设备、通信设备、遥控设备和地面信息接收与处理设备。无人机的分类方式有很多，按外形结构划分，无人机可分为多旋翼无人机、固定翼无人机和无人直升机。

多旋翼无人机，也可叫作多轴无人机，根据螺旋桨数量，又可细分为四旋翼、六旋翼、八旋翼等（见图 2.17）。

图 2.17　多旋翼无人机

一般认为，螺旋桨数量越多，飞行越平稳，操作越容易。多旋翼无人机具有可折叠、垂直起降、可悬停、对场地要求低等优点，是消费级和部分民用用途的首选平台，灵活性介于固定翼和直升机中间，但操纵简单、成本较低。

固定翼无人机（见图 2.18）外形像"十"字或"土"字，机翼与机身垂直。此类无人机采用滑跑或弹射起飞，伞降或滑跑着陆，对场地有一定要求；巡航距离、载重等指标明显高于多旋翼无人机。固定翼无人机的抗风能力比较强，是军用和多数民用无人机的主流平台。

　　无人直升机（见图 2.19）是灵活性最强的无人机平台，可以原地垂直起飞和悬停；一般体型较大、油动驱动、需要专业操作人员操控，使用不灵活和技术难度大造成无人直升机在民用市场并不多见。

图 2.18　固定翼无人机　　　　　　　　　图 2.19　无人直升机

第 4 节　遥感影像

　　遥感通常是指通过某种传感器装置，在不与被研究对象直接接触的情况下，获取其特征信息，并对这些信息进行提取、加工、表达和应用的一门科学和技术。遥感影像即是指搭载在遥感平台上的遥感器远距离对地表扫描或者摄影获得的影像，在遥感中主要是指航空像片和卫星像片。

一、遥感影像的特征

（一）空间分辨率

　　空间分辨率（Spatial Resolution）又称地面分辨率。后者是针对地面而言，指可以识别的最小地面距离或最小目标物的大小。前者是针对遥感器或图像而言的，指图像上能够详细区分的最小单元的尺寸或大小，或指遥感器区分两个目标的最小角度或线性距离的度量。它们均反映对两个非常靠近的目标物的识别、区分能力，有时也称分辨力或解像力。

（二）光谱分辨率

　　光谱分辨率（Spectral Resolution）指遥感器接收目标辐射时能分辨的最小波长间隔。间隔越小，分辨率越高。所选用的波段数量的多少、各波段的波长位置、及波长间隔的大小，这三个因素共同决定光谱分辨率。光谱分辨率越高，专题研究的针对性越强，对物体的识别精度越高，遥感应用分析的效果也就越好。但是，面对大量多波段信息以及它所提供的这些微小的差异，人们要直接地将它们与地物特征联系起来，综合解译是比较困难的，而多波段的数据分析，可以改善识别和提取信息特征的概率和精度。

（三）时间分辨率

时间分辨率（TemporalResolution）是关于遥感影像间隔时间的一项性能指标。遥感探测器按一定的时间周期重复采集数据，这种重复周期，又称回归周期。它是由飞行器的轨道高度、轨道倾角、运行周期、轨道间隔、偏移系数等参数所决定。这种重复观测的最小时间间隔称为时间分辨率。

（四）辐射分辨率

辐射分辨率（Radiant Resolution）指探测器的灵敏度——遥感器感测元件在接收光谱信号时能分辨的最小辐射度差，或指对两个不同辐射源的辐射量的分辨能力。一般用灰度的分级数来表示，即最暗—最亮灰度值（亮度值）间分级的数目（量化级数）。它对于目标识别是一个很有意义的元素。

二、图像处理

地面反射或发射的电磁波信息经过大气层到达传感器，传感器根据地物对电磁波的反射强度以不同的亮度表示在遥感图像上。遥感传感器记录电磁波的形式有两种，一种是以胶片的光学成像形式记录，一种以数字形式记录，即光学图像和数字图像。与光学图像相比，数字图像的处理更加简捷、快速，并且可以完成一些光学图像处理方法所无法完成的特殊处理。

（一）遥感图像处理系统

航空摄影所获得的影像，会受到摄影机物镜畸变差、大气折光、底片压平等因素的影响，使得影像与实际地物影像存在偏差。在航摄影像应用前应对这些因为外界因素、摄影机自身仪器等造成的误差进行纠正处理，以免影响摄影测量的精度。

遥感图像的图像处理是将传感器所获得的数字磁带，或经数字化的图像胶片数据，用计算机进行各种处理和计算，提取出各种有用的信息，从而去了解、分析物体和现象。一个完整的遥感数字图像处理系统应包括硬件和软件两大部分。硬件的主体是电子计算机、输入设备、输出设备等；软件是指进行遥感图像处理使所编制的各种程序，在特定的操作系统上运行。

（二）遥感数字图像处理的主要内容

1. 数字图像变换

图像的表示形式主要有光学图像和数字图像两种。光学图像可以看成一个二维的连续的光密度函数，数字图像是一个二维的离散的光密度函数。光学图像转化成数字图像就是把连续的光密度函数变成一个离散的光密度函数，这个过程叫作图像数字化。数字图像转变成光学图像是通过显示终端设备将数字信号以模拟方式表现，或是通过照相、打印的方式输出。

2. 数字图像校正

由于在遥感图像成像过程中，受到太阳位置和角度条件、大气条件、地形影响和传感器本身性能的影响，传感器接收到的电磁波能量与目标本身辐射的能量不一致。这些失真会对图像的使用和理解造成干扰，所以要进行辐射纠正。

在遥感图像应用之前，我们需要将其表达在某个规定的投影坐标系中。受到各种因素（如传播介质不均匀、地形起伏、投影成像方式等）的影响，图像的几何形状与其对应的地物形状往往不一致，使得遥感图像的几何处理成为遥感图像处理中的一个重要的环节。

3. 多源信息复合

单一传感器获取的图像信息量有限，难以满足现代化的应用需要。来自于不同传感器的数据具有不同的时间、空间和光谱分辨率，将多种遥感平台、多时相遥感数据之间以及遥感数据与非遥感数据之间的信息组合匹配的技术就是多源信息复合。

4. 遥感图像判读

判读是对遥感图像上的各种特征进行综合分析、比较、推理和判断，最后提取出所需要的信息。

传统的方法是目视判读，是一种人工方法，是工作人员使用眼睛观察，借助一些仪器，凭借丰富的经验、扎实的知识和已有资料，通过人脑的分析、推理和判断，提取感兴趣的信息。

随着技术的发展，大量的多源多尺度遥感数据仅仅依靠人工的方法已经不能满足需求。利用计算机通过一定的数学方法，对地球表面及其环境在遥感图像上的信息进行属性的识别和分类，从而达到提取有用信息的目的，这是图像判读的另一种方法——自动判读。

三、遥感技术的应用

伴随着计算机技术和数字图像处理技术的快速发展，遥感技术已渗透到国民经济的各个领域。

（一）遥感技术在测绘领域中的应用

遥感图像在测绘中主要是被用来测绘地形图、制作正射影像图和经专业判读后编绘各种专题图，以及为地理信息系统的实时更新提供数据。

（二）遥感技术在农、林、牧的应用

利用遥感技术可以进行土地资源的调查与监测；可以识别各类农作物，计算种植面积，监测作物生长情况，估计产量，精准农业生产。

在人烟稀少的林区，依靠常规地面监测方法很难全面、迅速地对森林资源进行调查和监测，而遥感技术可以及时准确地清查森林资源，尤其是监测森林病虫害和森林火灾。利用卫星遥感，一次就可探测到数千平方千米范围内所发生的林火现象，而且还可以探测到面积小于 $0.1 \sim 0.3\ m^2$ 的火情，还能及时预报由于自燃尚未起火的隐伏火情。

通过遥感数据采集关于草场水文、土壤类型、高程、气候、经济等信息，建立一个草场资源数据库，在计算机上用数学分析模型去辅助评价草场资源，进行草场资源调查和规划。

（三）遥感技术在环境和灾害监测中的应用

地球是一个庞大复杂而又不断变化的星体，由于人类的活动和自然本身的演化，地球环境产生了急剧的，甚至是灾难性的变化。遥感技术可在微波、红外波和可见光波段获取影像，不受天气和时间的限制，并能快速大范围地获取信息，对环境污染以及灾害进行监测与评估分析。

【习题与思考题】

1. 摄影的基本原理是什么？
2. 航摄仪由哪几部分组成？各主要部件都有什么功能？
3. 测量用摄影机与普通摄影机相比，有哪些特征？
4. 简述航空摄影的技术流程。
5. 什么是像片的重叠度和像片倾斜角？
6. 简述无人机航空摄影的应用领域及技术特点。
7. 遥感技术的应用主要有哪些方面？

第3章　摄影测量基础知识

【学习目标】

1. 掌握中心投影的基本知识，航摄像片上重要点、线、面以及重要点、线、面的特性，航摄像片的内外方位元素，航空摄影引起的像点位移情况。
2. 掌握航空摄影测量常用的坐标系，熟悉各种坐标系之间的变换。
3. 掌握航空摄影测量共线方程及其应用。
4. 掌握航摄像片的比例尺及其特性。

第1节　中心投影的基本知识

一、中心投影与正射投影

用一组假想的直线将物体向几何面投射称为投影，其投影线称为投影射线。投影的几何面通常取平面，称为投影平面。在投影平面上得到的图形称为该物体在投影平面上的投影。

投影有中心投影与平行投影两种，而平行投影中又分为斜投影与正射投影。

当投影射线会聚于一点时，称为中心投影。如图 3.1 中的（a）、（b）、（c）三种情况均属中心投影。投影射线的会聚点 S 称为投影中心。

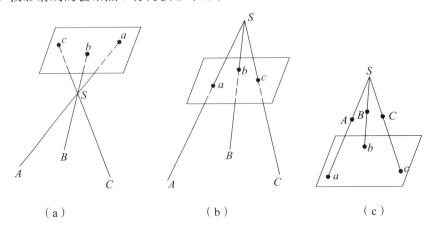

（a）　　　　　　　　（b）　　　　　　　　（c）

图 3.1　中心投影

当诸投影射线都平行于某一固定方向时，这种投影称为平行投影。平行投影中，投影射线与投影平面成斜交的称为斜投影，如图 3.2（a）所示；投影射线与投影平面成正交的称为正射投影，如图 3.2（b）所示。

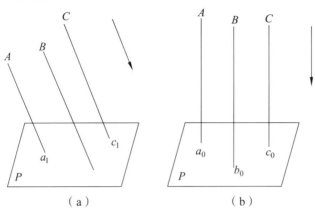

图 3.2　平行投影

二、航摄像片是摄区地面的中心投影

通过前面的学习，我们知道摄影物镜是一个比较复杂的透镜组，由多片透镜组合而成。物镜的光轴在摄影测量中称为物镜的主光轴，一个理想的物镜可以用两个焦点、两个主点和两个节点来等价表示。当物间和像间的介质相同时，前后主点与前后节点对应重合，这样，建立物点和像点成像关系的物镜主点就具备了节点的特征。物点主光线相对于物镜光轴的投射角 β 等于成像光线与物镜光轴的夹角 β'，如图 3.3 中 $AS \parallel S'a, BS \parallel S'b$ 等。设想把物镜像方主光点 S' 连同像片 P 作为一个整体，沿物镜重合，那么，各个相应共轭光线都各自成为一条直线。于是，任何物点都可以看作通过同一个 S 点的主光线成像于像片平面上。从几何意义上说，此时的物方主点相当于投影中心，像片平面是投影平面，像片平面上的影像就是摄区地面点的中心投影。地面上的点在像片上的影像可以用主光线与像片平面的交点表示。在确定像点与对应物点的关系时，都是按中心投影特征进行讨论。

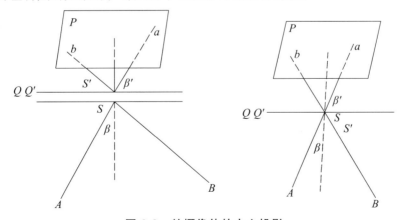

图 3.3　航摄像片的中心投影

因此，摄影测量的主要任务之一，就是把地面按中心投影规律获得的摄影比例尺像片，转换成按图比例尺要求的正射投影地形图。

三、中心投影的正片位置和负片位置

中心投影有两种状态：一种是投影平面和物点位于投影中心的两侧，如同摄影时的情况。此时像片为负片，像片所处的位置称为负片位置。现以投影中心为对称中心，将负片转到物空间，即投影平面与物点位于投影中心的同一侧。此时像片为正片，其所处的位置称为正片位置。正片相对于负片以投影中心做同等大小的投影晒印片。不论像片是处于正片位置还是负片位置，像点与物点之间的几何关系并没有改变，数学表达式也仍旧是一样的。

因此，无论是在仪器的设计方面，还是在讨论像点与物点间相互关系时，可随其方便而采用正片位置或负片位置，如图 3.4 所示。

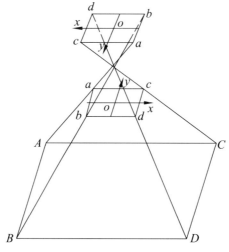

图 3.4　中心投影的正片位置和负片位置

第 2 节　透视变换中重要点、线、面

航摄像片是地面的中心投影，像片上的像点与地面点之间存在着一一对应的关系，这种对应关系也称透视对应（或投影对应）。在透视对应的条件下，像点与物点之间的变换称为透视变换（或投影变换）。例如航空摄影是地面向像面的透视变换，而利用像片确定地面点的位置则是像面向地面的透视变换。像面和地面是互为透视（投影）的两个平面，投影中心就是透视中心。

一、透视变换中重要点、线、面

如图 3.5 所示，设 T 为一个平坦而水平的地面（物面），P 为像面，S 为透视中心。

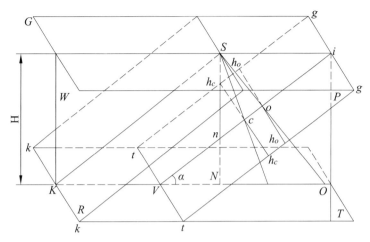

图 3.5　透视变换中重要点、线、面

图中：像面 P 与地面 T 间的夹角 α 代表了像面的空间姿态，称为像片倾斜角。

透视中心 S 到像面 P 的垂直距离为 f，摄影测量中称其为像片主距。

透视中心 S 到物面 T 的垂直距离为 H，摄影测量中称其为相对航高。

α、f、H 是确定透视中心（S）、像面（P）、地面（T）三者之间状态的基本要素。

除像片平面 P 和物面 T 外，还有以下三个重要面：

主垂面 W：过透视中心 S 且垂直于物面 T 和像面 P 的平面。

遁面 R：过透视中心 S 且平行于像面 P 的平面。遁面上的点的投射线都与像面 P 平行，所以，遁面上的点透视在像面上的无穷远处。

真水平面 G：过透视中心 S 且平行于物面 T 的平面。物面上无穷远点的投射线都在真水平面上。

重要点和重要线：

透视轴 tt'：像面 P 与地面 T 的交线。它与主垂面 W 垂直。透视轴上的点既是物点又是像点，具有两重性，称为迹点或二重点，这是透视轴的一个重要性质。透视轴又叫迹线。

基本方向线 KV：主垂面 W 与物面 T 的交线。

主纵线 iV：主垂面 W 与像面 P 的交线。

真水平线 $g—g$：真水平面 G 与像面 P 的交线。真水平线上的点的投影，在物面上的无穷远处。

灭线 $k—k$：遁面 R 与物面 T 的交线。灭线上点的透视，在像面上无穷远处。

摄影方向线 So：过投影中心 S 且垂直于像面 P 的方向线。摄影方向线在主垂面内，摄影方向线有时也叫主光轴。

主垂线 Sn：过透视中心 S 且与物面 T 相垂直的直线称主垂线。

像主点 o：摄影方向线与像面 P 的交点。

地主点 O：摄影方向线与物面 T 的交点。

像底点 n：主垂线与像面 P 的交点。显然，像底点 n 是所有与地面 T 相垂直的空间直线的合点，它们在像面上的像是一组以像底点 n 为中心的辐射线。

地底点 N：过透视中心 S 且与地面 T 相垂直的直线（主垂线）与地面 T 的交点。

像等角点 c：摄影方向线 So 与主垂线 SN 之间的夹角即为像片倾斜角 α，过透视中心 S 作 α 角的平分线与像面 P 的交点 c 称为像等角点。

地等角点 C：过透视中心 S 作 α 角的平分线与地面 T 的交点 C 称这地等角点。

主合点 i：真水平线 g—g 与主纵线 iV 的交点。所有与基本方向线平行的物面直线，在像面上的透视，都要通过主合点。

主灭点 K：灭线 k—k 和基本方向线 KV 的交点，或过透视中心 S 作主纵线 iV 的平行线与物面 T（灭线 k—k、基本方向线 KV）的交点。显然，所有与主纵线 iV 平行的像面直线，在物面上的投影，都要通过主灭点。

主迹点 V：透视轴 t—t 和基本方向线 KV 的交点，也是透视轴 t—t 和主纵线 KV 的交点。

迹点：透视轴 t—t 上，主迹点以外的点称为迹点。

灭点：灭线 k—k 上主灭点以外的点称为灭点。

主横线 $h_o h_o$：像面上过像主点 o 且垂直于主纵线的直线。

等比线 $h_c h_c$：像面上过等角点 c 且垂直于主纵线的直线。

像水平线：像面上与主纵线 iV 垂直的所有直线都叫做像水平线。

因此，也可以说主横线是过主点的像水平线，等比线是过等角点的像水平线，真水平线是过主合点的像水平线。

二、重要点、线的数学关系

以上内容涉及 P、T、W、G、R 重要面，涉及 KV、iV、g—g、h_o—h_o、h_c—h_c、t—t、k—k 等重要线，涉及 K、V、N、C、O 和 n、c、o、i 等重要点，对它们的定义要十分熟悉，而关于它们的性质和作用要逐渐掌握。其中最常用的是主垂面内的简单几何关系，如图 3.6 所示，有三个相似等腰三角形 $\triangle ISc$、$\triangle VcC$、$\triangle KSC$，它们的顶角都是 α；一个平行四边形 $SIVK$，称为透视平行四边形，它的两边 IS 和 IV 在透视变换中具有十分重要的意义，称之为透视常数。

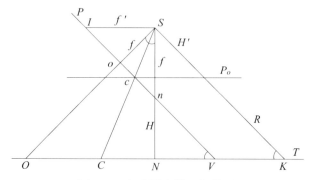

图 3.6　主垂面内的几何关系

此外还有如下一些简单的数学关系，也应当熟记并能运用自如。

$$|IS| = |KV| = |Ic| = \frac{f}{\sin \alpha} ; \quad |IV| = |SK| = |KC| = \frac{H}{\sin \alpha} \qquad (3.1)$$

像片处于阳位时，

$$|Vc| = |VC| = |IV| - |IS| = \frac{H-f}{\sin \alpha} \qquad (3.2)$$

像片处于阴位时，

$$|Vc| = |VC| = |IV| + |IS| = \frac{H+f}{\sin \alpha} \qquad (3.3)$$

三、重要点、线的特性

底点的特性：设空间有一铅垂线组 AA_0，BB_0，…，由投影中心 S 作铅垂线交像片平面于像底点 n，交地平面或图面 E 于地底点 N，根据合点的定义，把像片作为投影平面时像底点 n 应为空间铅垂线组的合点。诸铅垂线在像面上的构像 aa_0，bb_0，…，应位于以像底点 n 为辐射中心的相应辐射线上，如图 3.7 所示。

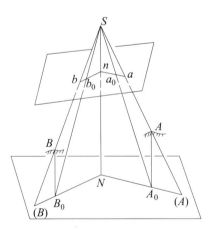

图 3.7　底点的特性

如图 3.8 所示，等角点的特性：设 CK 是地平面 E 上过等角点 C 的任意直线，与摄影方向线 VV 组成 $\angle A$，从投影 S 引地面直线 CK 的平行线，交像平面真水平线与合点 i_k，点 i_k 是直线 CK 无穷远点在像片上的影像。因为 $Si // VV$，$Si_k // CK$，所以 $\angle ici_k = \angle VCK = \angle A$。

在过 S 点平行于 E 平面的平面 E_i 内的 $Rt\triangle Sii_k$ 和像平面 P 内的 $Rt\triangle cii_k$ 中，有 $\angle Sii_k = \angle cii_k$，$Si = ci = \frac{f}{\sin \alpha}$ 和 ii_k 为公共边，则两三角形全等，$\triangle Sii_k \cong cii_k$，得 $\angle ici_k = \angle iSi_k = \angle VCK = \angle A$。

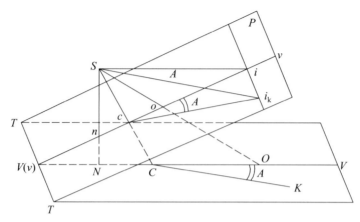

图 3.8　等角点的特性

　　如图 3.9 所示，等比线的特性：由于等比线是一条像水平线，过 $h_c—h_c$ 可作水平面 P^0 与地面平行，水平面 P^0 与底点射线 Sn 相交得点 o^0，如图 3.9 所示，那么在 $Rt\triangle coS$ 和 $Rt\triangle co^0S$ 中，Sc 为公用边和 $\angle cSo^0 = \angle cSo = \angle Soo^0 = \angle cSo = \dfrac{\alpha}{2}$，则两三角形全等。又因 $So^0 = So = f$，这表示过航摄像片上等比线 $h_c—h_c$ 水平面 P^0，相当于是在原摄站 S 和用原摄影仪所摄得的一张理想的水平像片。等比线既在航摄像片 P 上，又在理想的水平像片 P^0 上，所以等比线的构像比例尺等于水平像片的摄影比例尺 f/H，不受像片倾斜的影响。此即为等比线的特征与命名的由来。

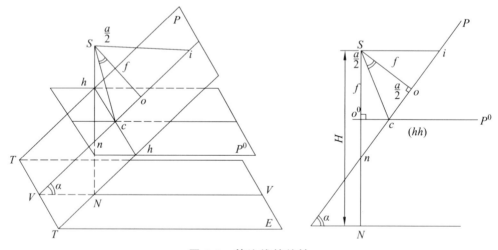

图 3.9　等比线的特性

四、中心投影作图法

　　根据中心投影的特性及重要点、线、面的性质，按照一定规律可做出物面上的点或线在像面上的投影。这种作图方法称为中心投影作图法。下面介绍两种作图法。

（一）地面上点的中心投影作图法

如图 3.10 所示，已知地面 E，像面 P，投影中心 S，迹线 T—T，主纵线 V—V，基本方向线 V_0—V_0，求地面点 A 在像面上的构像，其作图方法如下。

（1）求主合点 i：过地面点 A 作平行于基本方向线的直线交主纵线 V—V 于 i，i 即为主合点。

（2）求迹点：过地面点 A 作平行于基本方向线的直线交迹线 TT' 于 t_a，交点 t_a 即为迹点。

（3）求延长线的像：在像面上连接 it_a，则该连线为 At_a（由 t_a 向左无穷远射线）的像。

（4）求 A 点的像：连接 SA 与 it_a 相交，则交点 a 即为地面点 A 在像面上的构像。

（二）地面上铅垂线的中心投影作图法（见图 3.11）

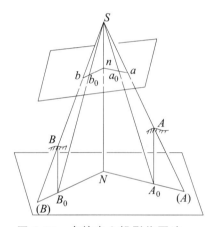

图 3.10　点的中心投影作图法

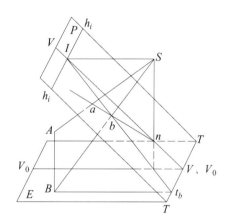

图 3.11　铅垂线的中心投影作图法

如图 3.11 所示，已知地平面 E，像面 P，投影中心 S，迹线 TT'，主纵线 V—V，基本方向线 V_0—V_0，求垂直于地平面的铅垂线 AB 在像面上的构像，作图方法如下。

（1）按点的中心投影作图法求出位于地面上的铅垂线的端点 B 的构像 b。

（2）求铅垂线的合点 n：过投影中心 S 作铅垂线 S_n 交主纵线 V—V 于 n 点，n 点即为铅垂线的合点，该合点就是像底点，因一切空间铅垂线的合点就是像底点。

（3）求铅垂线延长线的像：连接像面上 nb 两点并延长，即为铅垂线 AB 延长线的构像。

（4）求铅垂线 AB 的像：连接 AS 交 nb 延长线于 a 点，连接 ab，则线段 ab 即为铅垂线 AB 在像面上的构像。

第 3 节　摄影测量常用的坐标系统

摄影测量几何处理的任务是根据像片上像点的位置确定相应地面点的空间位置，为此，首先必须选择适当的坐标系来定量地描述像点和地面点，然后才能从像方坐标量测值出发求出相应点在物方的坐标，实现坐标系的变换。

摄影测量中常用的坐标系有两大类：一类是用于描述像点的位置，统称为像方坐标系；另一类是用于描述地面点的位置，统称为物方坐标系。

一、像方坐标系

（一）像平面坐标系

像平面坐标系用以表示像点在像平面上的位置，通常采用右手坐标系，x，y轴的选择按需要而定，在解析和数字摄影测量中，常根据框标来确定像平面坐标系，称为像片框标坐标系。

如图 3.12（a）所示，以像片上对边框标的连线作为 x 轴、y 轴，其交点 P 作为坐标原点，与航线方向相近的连线为 x 轴。在像点坐标量测中，像点坐标值常用此坐标系表示。若框标位于像片的四个角上，则以对角框标连线交角的平分线确定 x 轴、y 轴，交点为坐标原点，如图 3.12（b）所示。

在摄影测量解析计算中，像点的坐标应采用以像主点为原点的像平面坐标系中的坐标。为此，当像主点与框标连线交点不重合时，须将像框标坐标系中的坐标平移至以像主点为原点的坐标系，如图 3.13 所示。当像主点在像片框标坐标系中的坐标为 x_0，y_0 时，则量测出的像点坐标（x, y）化算到以像主点为原点的像平面坐标系中的坐标为（$x-x_0$，$y-y_0$）。

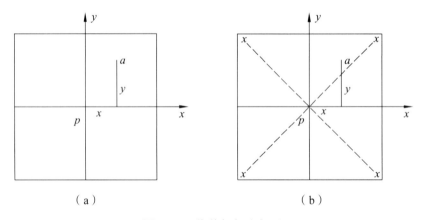

（a）   （b）

图 3.12 像片框标坐标系

（二）像空间坐标系

为了便于进行空间坐标的变换，需要建立起描述像点在像空间位置的坐标系，即像空间坐标系。以摄影中心 S 为坐标原点，x、y 轴与像平面坐标系的 x、y 轴平行，z 轴与主光轴重合的像空间右手直角坐标系。其坐标系原点定义在投影中心 S，其 x、y 轴分别与像平面坐标系的相应轴平行，z 轴与摄影方向线 So 重合，其正方向按右手规则确定，向上为正。如图 3.14 所示，将像空间坐标系记为 $S\text{-}xyz$。由于航摄仪主距是一个固定的常数 f，因此，一旦量测出某一像点的像平面坐标值（x, y），则该像点在像空间坐标系中的坐标也就随之确定了，即为（$x, y, -f$）。

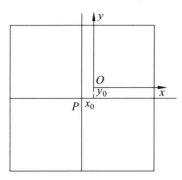

图 3.13　以像主点为原点的像平面坐标系

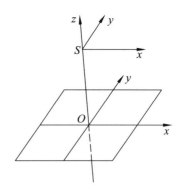

图 3.14　像空间坐标系

（三）像空间辅助坐标系

像点的像空间坐标可直接从像片平面坐标求得，但这种坐标的特点是每张像片的像空间坐标系不统一，这给计算带来困难。为此，需要建立一种相对统一的坐标系，像空间辅助坐标系，用 $S\text{-}XYZ$ 表示。此坐标系的原点仍选在投影中心 S，坐标轴轴系的选择视需要而定，通常有三种选取方法。其一是取铅垂方向为 Z 轴，航向为 X 轴，构成右手直角坐标系，如图 3.15（a）所示。其二是以每条航线内第一张像片的像空间坐标系作为像空间辅助坐标系，如图 3.15（b）所示。其三是以每个像片对的左片摄影中心为坐标原点，摄影基线方向为 X 轴，以摄影基线及左片主光轴构成的面作为 XZ 平面，构成右手直角坐标系，如图 3.15（c）所示。

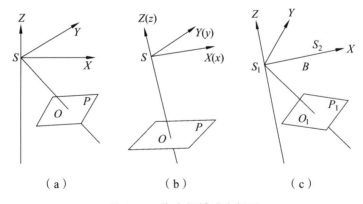

（a）　　　　　　　　（b）　　　　　　　　（c）

图 3.15　像空间辅助坐标系

二、物方坐标系

物方空间坐标系用于描述地面点在物方空间的位置，包括以下三种坐标系。

（一）摄影测量坐标系

像空间辅助坐标系 $S\text{-}XYZ$ 沿着 Z 轴反方向平移至地面点 P，得到的坐标系 $P\text{-}X_PY_PZ_P$ 称为摄影测量坐标系，如图 3.16 所示。由于它与像空间辅助坐标系平行，因此很容易由像点的像空间辅助坐标求得相应地面点的摄影测量坐标。

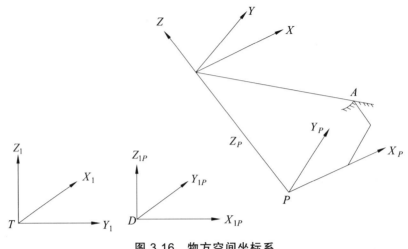

图 3.16　物方空间坐标系

（二）地面测量坐标系

地面测量坐标系指地图投影坐标系，也就是国家测图所采用的高斯克吕格 3°带或 6°带投影的平面直角坐标系和高程系，两者组成的空间直角坐标系是左手系，用 $T\text{-}X_tY_tZ_t$ 表示，如图 3.16 所示。摄影测量方法求得的地面点坐标最后要以此坐标形式提供给用户使用。

（三）地面摄影测量坐标系

由于摄影测量坐标系采用的是右手系，而地面测量坐标系采用的是左手系，这给摄影测量坐标到地面测量坐标的转换带来了困难。为此，需要在摄影测量坐标系与地面测量坐标系之间建立一种过渡性坐标系，称为地面摄影测量坐标系，用 $D\text{-}X_{tp}Y_{tp}Z_{tp}$ 表示，其坐标原点在测区内的某一地面点上，X_{tp} 轴与 X_p 轴方向大致一致，但为水平，Z_{tp} 轴铅垂，构成右手直角坐标系，如图 3.16 所示。摄影测量中，首先将摄影测量坐标转换成地面摄影测量坐标，最后再转换成地面测量坐标。

第 4 节　航摄像片的内、外方位元素

在摄影测量过程中，需要定量描述摄影机的姿态和空间位置，从而确定所摄像片与地面之间的几何关系。这种描述摄影机（含航摄像片）姿态的参数叫作方位元素。依其作用不同可分两类，一类是用以确定投影中心对像片的相对位置，叫像片的内方位元素；另一类用以确定像片以及投影中心（或像空间坐标系）在物空间坐标系（通常为地面辅助坐标系）中的方位，叫作像片的外方位元素。

一、航摄像片的内方位元素

摄影中心 S 对所摄像片的相对位置叫像片的内方位。

确定航摄像片内方位的必要参数叫做航摄像片的内方位元素。

航摄像片的内方位元素有三个，像片主距 f，像主点在像片框标坐标系中的坐标 x_0，y_0。

如图 3.17 所示，f，x_0，y_0 中任一元素改变，则 S 与 P 的相对位置就要改变，摄影光束（或投影光束）也随之改变。所以也可以说，内方位元素的作用在于表示摄影光束的形状，在投影的情况下，恢复内方位元素就是恢复摄影光束的形状。

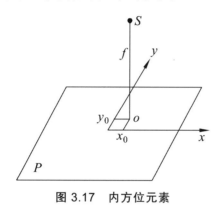

图 3.17　内方位元素

在航摄机的设计中，要求像主点与框标坐标系的原点重合，即尽量使 $x_0 = y_0 = 0$。实际上由于摄影机装配中的误差，x_0，y_0 常为一个微小值而不为 0。内方位元素通常是已知的，可在航摄仪检定表中查出。

二、航摄像片的外方位元素

在恢复了内方位元素（即恢复了摄影光束）的基础上，确定摄影光束在摄影瞬间摄影中心 S 空间位置和姿态的参数，称为外方位元素。一张像片的外方位元素包括 6 个参数，其中有 3 个是直线元素，用于描述摄影中心 S 的空间位置的坐标值；另外 3 个是角元素，用于描述像片的空间姿态。

（一）三个直线元素

三个直线元素是反映摄影瞬间摄影中心 S 在选定的地面空间坐标系中的坐标值，用 X_S，Y_S，Z_S 表示。通常选用地面摄影测量坐标系，其中 X_{tp} 轴取与 Y_t 轴重合，构成右手直角坐标系，如图 3.18 所示。

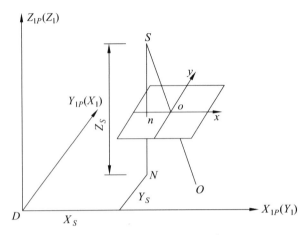

图 3.18   外方位直线元素

（二）三个角元素

三个外方位角元素可看作摄影机主光轴从起始的铅垂方向绕空间坐标轴按某种次序连续三次旋转形成的。先绕第一轴旋转一个角度，其余两轴的空间方位随同变化；再绕变动后的第二轴旋转一个角度，两次旋转的角度，两次旋转的结果达到恢复摄影机主光轴的空间方位；最后绕经过两次变动后的第三轴（即主光轴）旋转一个角度，亦即像片在其自身平面内绕像主点旋转一个角度。像片由理想姿态到实际摄影时的姿态依次旋转的 3 个角值，也就是像片的 3 个外方位角元素。

根据讨论问题和仪器设计的需要，像片的外方位角元素通常有三种表示：

如图 3.19 所示，$S\text{-}xyz$ 为像空间坐标系，而 $O_T\text{-}X_T Y_T Z_T$ 为地面辅助坐标系。摄影测量坐标系 $S\text{-}XYZ$，使其各轴与地面辅助坐标各轴平行，则 3 个角元素的定义如下：

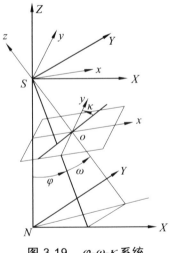

图 3.19 $\varphi\text{-}\omega\text{-}\kappa$ 系统

1. 以 Y 轴为主轴的 φ-ω-κ 系统

φ——主光轴 So 在 XZ 坐标面内的投影与过投影中心的铅垂线之间的夹角，叫作偏角。从铅垂线起算，逆时针方向为正。

ω——主光轴 So 与其在 XZ 坐标面下的投影之间的夹角，叫作倾角。从主光轴在 SZ 面上的投影起算，逆时针方向为正。

κ——Y 轴沿主光轴 So 的方向在像平面上的投影与像平面坐标的 y 轴之间的夹角，叫作旋角。从 Y 轴在像片上的投影起算，逆时针方向为正。

3 个角元素中 φ 和 ω 共同确定了主光轴 So 的方向，而 κ 则用来确定像片在像平面内的方位，即光线束绕主光轴的旋转。

2. 以 X 轴为主轴的 ω'-φ'-κ' 系统

以 X 为主轴的角方位元素的定义如图 3.20 所示。

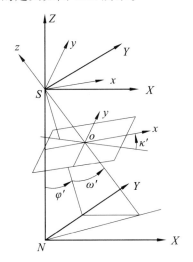

图 3.20　ω'-φ'-κ' 系统

ω'——主光轴 So 在 YZ 坐标面上的投影与过投影中心的铅垂线之间的夹角，叫作倾角。从铅垂线起算，逆时针方向为正。

φ'——主光轴 So 与其在 YZ 面上的投影之间的夹角，叫作偏角。从主光轴在 YZ 面上的投影起算，逆时针方向为正。

κ'——X 轴在像平面上的投影与像平面坐标系的 X 轴之间的夹角，叫作旋角。从 X 轴的投影起算，逆时针方向为正。

与第一种角元素系统相仿，ω' 和 φ' 用来确定主光轴（So）的方向，旋角 κ' 用来确定像片（光束）绕主光轴的旋转。利用 ω'-φ'-κ' 系统恢复像片在空间的角方位时，应以 X 坐标轴作为第一旋转轴（主轴），Y 坐标轴作为第二旋转轴（副轴），即依次绕 X-Y-Z 轴分别连续旋转 ω'、φ' 和 κ' 角来实现。

3. 以 Z 轴为主轴的 A-α-κ_v 系统

这种角方位元素系统的定义如图 3.21 所示。

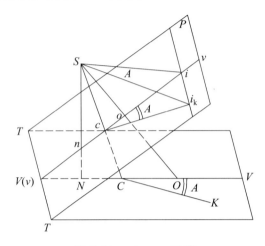

图 3.21　A-α-κ_v 系统

A——主长面与地辅坐标系统的 X_TY_T 坐标面的交线与 Y_T 轴之间的夹角，叫作主垂面方向角。从 Y_T 轴起算，顺时针方向为正。

α——主光轴 So 与过投影中心的铅垂之间的夹角，称为像片的倾斜角。此角恒取正值。

κ_v——像主纵线与像平面坐标系的 y 轴之间的夹角，称为像片旋角。从主纵线起算，逆时针方向为正。

与前两种角元素相仿，A 和 α 用来确定主光轴（So）的方向，旋角 κ_v 用来确定像片（光束）绕主光轴的旋转。利用 A, α, κ_v 系统恢复像片角方位时，应依次绕 Z-X-Y 坐标轴分别旋转 A, α, κ_v 角来实现。

需明确指出，任何一个空间直角坐标系在另一个空间直角坐标系中的角方位，都可采用上述三种系统中的任何一种来描述。但不论采用哪一种，都是由 3 个独立的角元素确定的。

第 5 节　像点空间直角坐标的变换

用解析法解求摄影测量课题时，在建立起各种空间直角坐标系的基础上需要在两两不同的坐标系中进行坐标变换。

一、空间直角坐标变换的一般表达式

假定在旧坐标系 O-XYZ 中有一点 a（见图 3.22），旧坐标系通过旋转得到新坐标系 O-xyz，其中不涉及坐标系的平移。

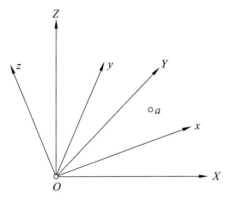

图 3.22　坐标关系图

从空间解析几何可知，a 点在新、旧坐标系中的坐标关系式为

$$\left.\begin{array}{l} X = a_1 x + a_2 y + a_3 z \\ Y = b_1 x + b_2 y + b_3 z \\ Z = c_1 x + c_2 y + c_3 z \end{array}\right\} \tag{3.4}$$

$$\left.\begin{array}{l} x = a_1 X + b_1 Y + c_1 Z \\ y = a_2 X + b_2 Y + c_2 Z \\ z = a_3 X + b_3 Y + c_3 Z \end{array}\right\} \tag{3.5}$$

写成矩阵形式为

$$\begin{bmatrix} X \\ Y \\ Z \end{bmatrix} = \begin{bmatrix} a_1 & a_2 & a_3 \\ b_1 & b_2 & b_3 \\ c_1 & c_2 & c_3 \end{bmatrix} \begin{bmatrix} x \\ y \\ z \end{bmatrix} = \boldsymbol{R} \begin{bmatrix} x \\ y \\ z \end{bmatrix} \tag{3.6}$$

$$\begin{bmatrix} x \\ y \\ z \end{bmatrix} = \begin{bmatrix} a_1 & b_1 & c_1 \\ a_2 & b_2 & c_2 \\ a_3 & b_3 & c_3 \end{bmatrix} \begin{bmatrix} X \\ Y \\ Z \end{bmatrix} = \boldsymbol{R}^{-1} \begin{bmatrix} x \\ y \\ z \end{bmatrix} = \boldsymbol{R}^{\mathrm{T}} \begin{bmatrix} x \\ y \\ z \end{bmatrix} \tag{3.7}$$

上式坐标变换公式中的九个系数为两轴系间的方向余弦，即

$$\begin{bmatrix} a_1 & a_2 & a_3 \\ b_1 & b_2 & b_3 \\ c_1 & c_2 & c_3 \end{bmatrix} = \begin{bmatrix} \cos Xx & \cos Xy & \cos Xz \\ \cos Yx & \cos Yy & \cos Yz \\ \cos Zx & \cos Zy & \cos Zz \end{bmatrix} \tag{3.8}$$

式中，$\cos Xx$ 表示 X 与 x 轴之间的方向余弦，$\cos Xy$ 表示 X 与 y 轴之间的方向余弦，以此类推。方向余弦是相关两轴之间夹角的余弦，这些夹角在 0° 和 180° 之间。

具体的坐标变换公式，归结到独立参数的选取和方向余弦的确定。

二、方向余弦的确定

现以像空间坐标系与地面辅助坐标系之间的坐标变换为例。像空间坐标 x, y, z（$Z = -f$）

和地面辅助坐标系（ X , Y , Z ）的关系式，按坐标变换的一般表达式（3.6）写成表达式（3.9）所示。

$$\begin{bmatrix} X \\ Y \\ Z \end{bmatrix} = \begin{bmatrix} a_1 & a_2 & a_3 \\ b_1 & b_2 & b_3 \\ c_1 & c_2 & c_3 \end{bmatrix} \begin{bmatrix} x \\ y \\ -f \end{bmatrix} = \boldsymbol{R} \begin{bmatrix} x \\ y \\ z \end{bmatrix} \quad (3.9)$$

根据不同的转角系统，即不同的独立参数，推导旋转矩阵的 9 个元素，即方向余弦如下：

（一）使用 φ , ω , κ 系统

假设航摄像片在坐标系 S-XYZ 中的角方位元素 φ , ω , κ 为已知，则将 S-XYZ 坐标系依次绕 Y , X , Z 轴相继旋转 φ , ω , κ 角之后，定与航摄像片的像空间坐标系 S-xyz 重合。下面分析每次旋转前后的坐标关系。

第一步，先将 S-XYZ 坐标系绕 Y 轴旋转 φ 角，得到一个新坐标系 S-$X'Y'Z'$ ，此时，Y 轴与 Y' 轴重合，只是 X 轴和 Z 轴在 XZ 坐标面内旋转了 φ 角，如图 3.23 所示。坐标系 S-$X'Y'Z'$ 各轴在坐标系 S-XYZ 中的方向余弦如表 3.1 所示。

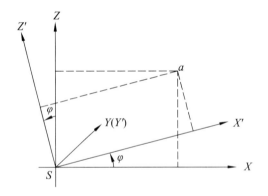

图 3.23　绕 Y 轴旋转 φ 角

表 3.1　坐标系 S-$X'Y'Z'$ 各轴在坐标系 S-XYZ 中的方向余弦

	X'	Y'	Z'
X	$\cos\varphi$	0	$-\sin\varphi$
Y	0	1	0
Z	$\sin\varphi$	0	$\cos\varphi$

由此，可以写出

$$\begin{bmatrix} X \\ Y \\ Z \end{bmatrix} = \begin{bmatrix} \cos\varphi & 0 & -\sin\varphi \\ 0 & 1 & 0 \\ \sin\varphi & 0 & \cos\varphi \end{bmatrix} \begin{bmatrix} X' \\ Y' \\ Z' \end{bmatrix} = \boldsymbol{R}_\varphi \begin{bmatrix} X' \\ Y' \\ Z' \end{bmatrix} \quad (3.10)$$

第二步，将坐标系 $S\text{-}X'Y'Z'$ 绕 X' 轴旋转 ω 角，又得一新坐标系 $S\text{-}X''Y''Z''$。此时，只是 Y' 轴和 Z' 轴在 $Y'Z'$ 坐标面内旋转了 ω 角，而 X' 轴与 X'' 轴重合，如图 3.24 所示。此时，坐标系 $S\text{-}X''Y''Z''$ 各轴坐标系 $S\text{-}X'Y'Z'$ 中的方向余弦如表 3.2 所示。

于是，可以写出

$$\begin{bmatrix} X' \\ Y' \\ Z' \end{bmatrix} = \begin{bmatrix} 1 & 0 & 0 \\ 0 & \cos\omega & -\sin\omega \\ 0 & \sin\omega & \cos\omega \end{bmatrix} \begin{bmatrix} X'' \\ Y'' \\ Z'' \end{bmatrix} = \boldsymbol{R}_\omega \begin{bmatrix} X'' \\ Y'' \\ Z'' \end{bmatrix} \tag{3.11}$$

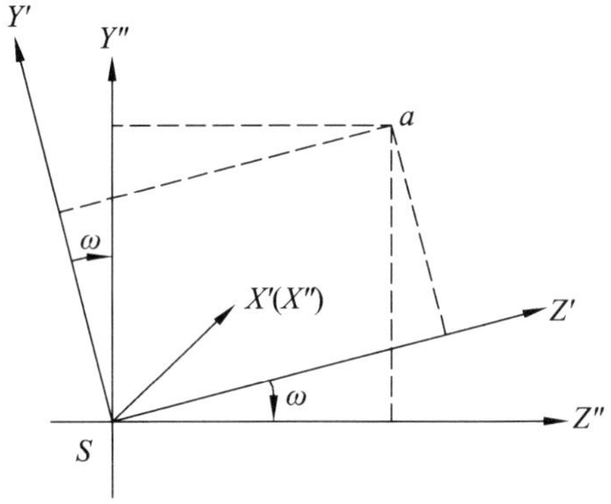

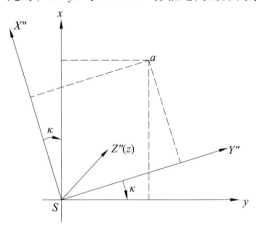

图 3.24　绕 X' 轴旋转 ω 角

表 3.2　坐标 $S\text{-}X''Y''Z''$ 各轴在坐标系 $S\text{-}X'Y'Z'$ 的方向余弦

	X''	Y''	Z''
X'	1	0	0
Y'	0	$\cos\omega$	$-\sin\omega$
Z'	0	$\sin\omega$	$\cos\omega$

第三步，将坐标系 $S\text{-}X''Y''Z''$ 绕 Z'' 轴旋转 κ 角，即与像空间坐标系 $S\text{-}xyz$ 重合。这里，只是 X'' 和 Y'' 坐标在 $X''Y''$ 坐标面内旋转了 κ 角，而 Z'' 轴原来已与像空间坐标系的 z 轴重合，保持不变，如图 3.25 所示。此时，$S\text{-}xyz$ 与 $S\text{-}X''Y''Z''$ 各轴之间的方向余弦如表 3.3 所示。

图 3.25　绕 Z'' 轴旋转 κ 角

表 3.3　坐标系 $S\text{-}xyz$ 与坐标系 $S\text{-}X''Y''Z''$ 各轴之间的方向余弦

	x	y	z
X''	$\cos\kappa$	$-\sin\kappa$	0
Y''	$\sin\kappa$	$\cos\kappa$	0
Z''	0	0	1

于是，可以写出

$$
\begin{bmatrix} X'' \\ Y'' \\ Z'' \end{bmatrix} = \begin{bmatrix} \cos\kappa & -\sin\kappa & 0 \\ \sin\kappa & \cos\kappa & 0 \\ 0 & 0 & 1 \end{bmatrix} \begin{bmatrix} x \\ y \\ z \end{bmatrix} = \boldsymbol{R}_\kappa \begin{bmatrix} x \\ y \\ -f \end{bmatrix} \tag{3.12}
$$

式中：$z = -f$。

由式（3.10）、式（3.11）、式（3.12）得

$$
\begin{bmatrix} X \\ Y \\ Z \end{bmatrix} = \begin{bmatrix} \cos\varphi & 0 & -\sin\varphi \\ 0 & 1 & 0 \\ \sin\varphi & 0 & \cos\varphi \end{bmatrix} \begin{bmatrix} 1 & 0 & 0 \\ 0 & \cos\omega & -\sin\omega \\ 0 & \sin\omega & \cos\omega \end{bmatrix} \begin{bmatrix} \cos\kappa & -\sin\kappa & 0 \\ \sin\kappa & \cos\kappa & 0 \\ 0 & 0 & 1 \end{bmatrix} \begin{bmatrix} x \\ y \\ -f \end{bmatrix} \tag{3.13}
$$

$$
\begin{bmatrix} X \\ Y \\ Z \end{bmatrix} = \boldsymbol{R}_\varphi \boldsymbol{R}_\omega \boldsymbol{R}_\kappa \begin{bmatrix} x \\ y \\ -f \end{bmatrix} \tag{3.14}
$$

$$
\begin{bmatrix} X \\ Y \\ Z \end{bmatrix} = \begin{bmatrix} a_1 & a_2 & a_3 \\ b_1 & b_2 & b_3 \\ c_1 & c_2 & c_3 \end{bmatrix} \begin{bmatrix} x \\ y \\ -f \end{bmatrix} \tag{3.15}
$$

式中

$$
\left.\begin{aligned}
a_1 &= \cos\varphi\cos\kappa - \sin\varphi\sin\omega\sin\kappa \\
a_2 &= -\cos\varphi\sin\kappa - \sin\varphi\sin\omega\cos\kappa \\
a_3 &= -\sin\varphi\cos\omega \\
b_1 &= \cos\omega\sin\kappa \\
b_2 &= \cos\omega\cos\kappa \\
b_1 &= -\sin\omega \\
c_1 &= \sin\varphi\cos\kappa + \cos\varphi\sin\omega\sin\kappa \\
c_2 &= -\sin\varphi\sin\kappa + \cos\varphi\sin\omega\cos\kappa \\
c_3 &= \cos\varphi\cos\omega
\end{aligned}\right\} \tag{3.16}
$$

当由旋转矩阵中的元素求转角数值时，由式（3.16）可得

$$\left.\begin{aligned}
\tan\varphi &= -\frac{a_3}{c_3}\\
\sin\omega &= -b_3\\
\tan\kappa &= \frac{b_1}{b_2}
\end{aligned}\right\}\tag{3.17}$$

（二）使用 ω', φ', κ' 角元素系统

当取 X 轴为主轴的转角系统 ω', φ', κ' 三个角度独立参数时，可仿照上面的推演步骤，得出相应的公式：

$$\begin{bmatrix} X \\ Y \\ Z \end{bmatrix} = \begin{bmatrix} 1 & 0 & 0 \\ 0 & \cos\omega' & -\sin\omega' \\ 0 & \sin\omega' & \cos\omega' \end{bmatrix}\begin{bmatrix} \cos\varphi' & 0 & -\sin\varphi' \\ 0 & 1 & 0 \\ \sin\varphi' & 0 & \cos\varphi' \end{bmatrix}\begin{bmatrix} \cos\kappa' & -\sin\kappa' & 0 \\ \sin\kappa' & \cos\kappa' & 0 \\ 0 & 0 & 1 \end{bmatrix}\begin{bmatrix} x \\ y \\ -f \end{bmatrix}\tag{3.18}$$

$$\begin{bmatrix} X \\ Y \\ Z \end{bmatrix} = \boldsymbol{R}_{\omega'}\boldsymbol{R}_{\varphi'}\boldsymbol{R}_{\kappa'}\begin{bmatrix} x \\ y \\ -f \end{bmatrix}\tag{3.19}$$

$$\begin{bmatrix} X \\ Y \\ Z \end{bmatrix} = \begin{bmatrix} a_1 & a_2 & a_3 \\ b_1 & b_2 & b_3 \\ c_1 & c_2 & c_3 \end{bmatrix}\begin{bmatrix} x \\ y \\ -f \end{bmatrix}\tag{3.20}$$

式中

$$\left.\begin{aligned}
a_1 &= \cos\varphi'\cos\kappa'\\
a_2 &= -\cos\varphi'\sin\kappa'\\
a_3 &= -\sin\varphi'\\
b_1 &= \cos\omega'\sin\kappa' - \sin\omega'\sin\varphi'\cos\kappa'\\
b_2 &= \cos\omega'\cos\kappa' + \sin\omega'\sin\varphi'\sin\kappa'\\
b_3 &= -\sin\omega'\cos\varphi'\\
c_1 &= \sin\omega'\sin\kappa' + \cos\omega'\sin\varphi'\cos\kappa'\\
c_2 &= \sin\omega'\cos\kappa' - \cos\omega'\sin\varphi'\cos\kappa'\\
c_3 &= \cos\omega'\cos\varphi'
\end{aligned}\right\}\tag{3.21}$$

同样可根据旋转矩阵中的元素求出相应的转角值。

$$\left.\begin{aligned}
\tan\omega' &= -\frac{b_3}{c_3}\\
\sin\varphi' &= -a_3\\
\tan\kappa' &= -\frac{a_2}{a_1}
\end{aligned}\right\}\tag{3.22}$$

从式（3.16）、式（3.19）可以看出：三次平面旋转矩阵的乘积与旋转角度的先后顺序有关。

（三）使用 A，α，κ 角元素系统

取 Z 轴为主轴的转角系统 A，α，κ 三个角度独立参数时，可仿照上面的推演步骤，得到下面相应的公式：

$$
\begin{bmatrix} X \\ Y \\ Z \end{bmatrix} = \begin{bmatrix} \cos A & \sin A & 0 \\ -\sin A & \cos A & 0 \\ 0 & 0 & 1 \end{bmatrix} \begin{bmatrix} 1 & 0 & 0 \\ 0 & \cos \alpha & -\sin \alpha \\ 0 & \sin \alpha & \cos \alpha \end{bmatrix} \begin{bmatrix} \cos \kappa & -\sin \kappa & 0 \\ \sin \kappa & \cos \kappa & 0 \\ 0 & 0 & 1 \end{bmatrix} \begin{bmatrix} x \\ y \\ -f \end{bmatrix}
$$

（3.23）

$$
\begin{bmatrix} X \\ Y \\ Z \end{bmatrix} = \boldsymbol{R}_A \boldsymbol{R}_\alpha \boldsymbol{R}_\kappa \begin{bmatrix} x \\ y \\ -f \end{bmatrix}
$$

（3.24）

$$
\begin{bmatrix} X \\ Y \\ Z \end{bmatrix} = \begin{bmatrix} a_1 & a_2 & a_3 \\ b_1 & b_2 & b_3 \\ c_1 & c_2 & c_3 \end{bmatrix} \begin{bmatrix} x \\ y \\ -f \end{bmatrix}
$$

（3.25）

式中

$$
\left.\begin{aligned}
a_1 &= \cos A \cos \kappa + \sin A \cos \alpha \sin \kappa \\
a_2 &= -\cos A \sin \kappa + \sin A \cos \alpha \cos \kappa \\
a_3 &= -\sin A \sin \alpha \\
b_1 &= -\sin A \cos \kappa + \cos A \cos \alpha \sin \kappa \\
b_2 &= \sin A \sin \kappa + \cos A \cos \alpha \cos \kappa \\
b_3 &= -\cos A \sin \alpha \\
c_1 &= \sin \alpha \sin \kappa \\
c_2 &= \sin \alpha \cos \kappa \\
c_3 &= \cos \alpha
\end{aligned}\right\}
$$

（3.26）

同样根据旋转矩阵中的元素可求出相应的转角值：

$$
\left.\begin{aligned}
\tan A &= \frac{a_3}{b_3} \\
\cos \alpha &= c_3 \\
\tan \kappa &= \frac{c_1}{c_2}
\end{aligned}\right\}
$$

（3.27）

对于同一张像片在同一坐标系中，当取不同转角系统的三个角度作为独立参数时，尽管表达方向余弦的形式不同，但相应元素是彼此相等的。因此也可以从一个转角系统的角度换算到另一个转角系统的角度。

在摄影测量仪器上作业时，参数的选择应与仪器的结构（主、副轴）相适应。在解析摄影测量中，独立参数可自行选定。

第 6 节 中心投影的构像条件方程

航摄像片是地面影像的中心投影构像，地形图是地面影像的正射投影，这是两种不同性质的投影。影像信息的摄影测量处理，就是要把中心投影的影像，变换为正射投影的地图信息。为此，首先讨论像点与相应物点的构像方程式，其次讨论中心投影与正射投影的差异与转换。

一、中心投影的构像方程

描述像点 a、投影中心 S 和对应地面点 A 三点共线的方程叫共线方程。

假设在摄站 S 摄取了一张航摄像片 P，航摄仪镜箱主距为 f。

设坐标系 $S\text{-}X'Y'Z'$ 是地面辅助坐标系 $T\text{-}XYZ$ 的平行系，如图 3.26 所示，地面点 A 对应的像点 a 在 $S\text{-}X'Y'Z'$ 中的坐标为（X'，Y'，Z'），$S\text{-}xyz$ 为像空间坐标系（图 3.26 中未绘出）。

摄站 S 在地辅坐标系 $T\text{-}XYZ$ 中的坐标为（X_S，Y_S，Z_S）。

地面点 A 在地辅坐标系 $T\text{-}XYZ$ 中的坐标为（X，Y，Z）。

像点 a 在像空间坐标系 $S\text{-}xyz$ 中的坐标为（x，y，$-f$）。

像点 a 在地辅坐标系的平行系 $S\text{-}X'Y'Z'$ 中的坐标为（X'，Y'，Z'）。

地面点 A 在地辅坐标系的平行系 $S\text{-}X'Y'Z'$ 中的坐标为（$X\text{-}X_S$，$Y\text{-}Y_S$，$Z\text{-}Z_S$）。

则如图 3.26 所示可知：

$$\frac{X - X_S}{X'} = \frac{Y - Y_S}{Y'} = \frac{Z - Z_S}{Z'} = \lambda$$

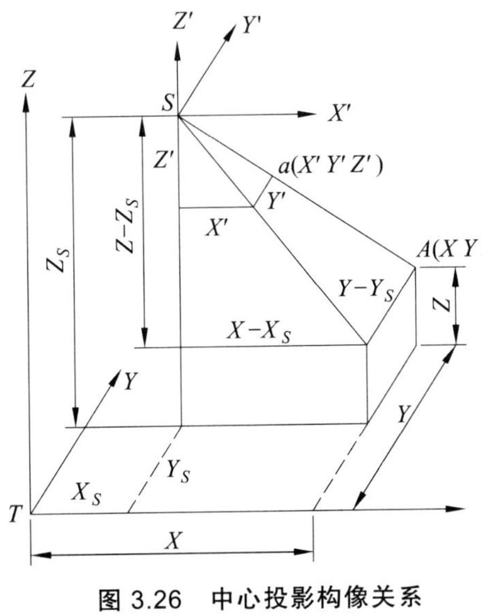

图 3.26 中心投影构像关系

即
$$\begin{bmatrix} X - X_S \\ Y - Y_S \\ Z - Z_S \end{bmatrix} = \lambda \begin{bmatrix} X' \\ Y' \\ Z' \end{bmatrix} = \lambda R \begin{bmatrix} x \\ y \\ -f \end{bmatrix} \qquad (3.28)$$

因
$$\boldsymbol{R}^{-1} = \boldsymbol{R}^{\mathrm{T}}$$

得

$$\begin{bmatrix} x \\ y \\ -f \end{bmatrix} = \frac{1}{\lambda} \boldsymbol{R}^{\mathrm{T}} \begin{bmatrix} X - X_S \\ Y - Y_S \\ Z - Z_S \end{bmatrix} \qquad (3.29)$$

在方程式（3.28）和式（3.29）中，共有 3 个方程。为了消去 λ，由式（3.28）和式（3.29）的第三式得

$$\lambda = \frac{a_3(X - X_S) + b_3(Y - Y_S) + c_3(Z - Z_S)}{-f}, \quad \lambda = \frac{Z - Z_S}{c_1 x + c_2 y - c_3 f}$$

将 λ 代入式（3.29）得

$$\left. \begin{aligned} x &= -f \frac{a_1(X - X_S) + b_1(Y - Y_S) + c_1(Z - Z_S)}{a_3(X - X_S) + b_3(Y - Y_S) + c_3(Z - Z_S)} \\ y &= -f \frac{a_2(X - X_S) + b_2(Y - Y_S) + c_2(Z - Z_S)}{a_3(X - X_S) + b_3(Y - Y_S) + c_3(Z - Z_S)} \end{aligned} \right\} \qquad (3.30)$$

这就是共线方程。它可以在已知像片外方位元素的条件下，由地面点的地辅坐标计算像点的坐标。此式在几何学上称之为投影变换。

将 λ 代入式（3.29），得共线方程的另一种形式：

$$\left. \begin{aligned} X - X_S &= (Z - Z_S) \frac{a_1 x + a_2 y - a_3 f}{c_1 x + c_2 y - c_3 f} \\ Y - Y_S &= (Z - Z_S) \frac{b_1 x + b_2 y - b_3 f}{c_1 x + c_2 y - c_3 f} \end{aligned} \right\} \qquad (3.31)$$

对式（3.30）和式（3.31）进行分析可得出如下结论：

① 当地面点坐标 X, Y, Z 已知时，量测像点坐标 x, y，式中有 6 个未知数，即 6 个外方位元素。

② 利用 3 个或 3 个以上已知地面平高点，可求出像片外方位元素（后方交会）。

③ 立体像对的外方位元素已知时，量测 x, y，可求解未知地面点三维坐标 X, Y, Z（前方交会）。

④ 由式（3.30）可知，在给定像片的外方位元素的条件下，并不能由像点坐标计算出地面点的空间坐标，只能确定地面点的方向。只有给出地面点的高程，才能确定地面点的平面位置。

　　共线方程是摄影测量中最重要、最基本的公式，后面介绍的单像空间后方交会、光束法双像摄影测量、数字影像纠正等都要用到该公式。

二、单张像片空间后方交会

　　如果已知每张像片的 6 个外方位元素，就能确定摄影瞬间被摄物体与航摄像片的关系，重建地面的立体模型。因此如何获取像片的外方位元素，一直是摄影测量工作者所探讨的问题。目前，外方位元素主要利用雷达、全球定位系统、惯性导航系统（IMU）以及星相摄影机来获取，也可用摄影测量空间后方交会法获取。

　　单像空间后方交会的基本思想是：利用至少 3 个已知地面控制点的坐标 $A(X_A, Y_A, Z_A)$、$B(X_B, Y_B, Z_B)$、$C(X_C, Y_C, Z_C)$，与其像片上对应像点的坐标 $a(x_a, y_a, z_a)$、$b(x_b, y_b, z_b)$、$c(x_c, y_c, z_c)$，根据共线方程反求该像片的外方位元素 X_S，Y_S，Z_S，φ，ω，κ。这种解算方法是以单张像片为基础，也称为单像空间后方交会。

　　单像空间后方交会的数学模型是共线方程，即中心投影的构像方程式：

$$\left.\begin{aligned}
x &= -f\frac{a_1(X-X_S)+b_1(Y-Y_S)+c_1(Z-Z_S)}{a_3(X-X_S)+b_3(Y-Y_S)+c_3(Z-Z_S)} \\
y &= -f\frac{a_2(X-X_S)+b_2(Y-Y_S)+c_2(Z-Z_S)}{a_3(X-X_S)+b_3(Y-Y_S)+c_3(Z-Z_S)}
\end{aligned}\right\} \tag{3.32}$$

　　由于共线方程是非线性函数，为了便于计算机计算，需要将非线性函数用泰勒级数展开成线性形式。常把这一数学处理过程称为线性化，线性化处理在解析摄影测量中经常用到。

　　将式（3.32）的共线方程线性化，并取一次小值项得

$$\left.\begin{aligned}
x &= (x)+\frac{\partial x}{\partial X_S}\mathrm{d}X_S+\frac{\partial x}{\partial Y_S}\mathrm{d}Y_S+\frac{\partial x}{\partial Z_S}\mathrm{d}Z_S+\frac{\partial x}{\partial \varphi}\mathrm{d}\varphi+\frac{\partial x}{\partial \omega}\mathrm{d}\omega+\frac{\partial x}{\partial \kappa}\mathrm{d}\kappa \\
y &= (y)+\frac{\partial y}{\partial X_S}\mathrm{d}X_S+\frac{\partial y}{\partial Y_S}\mathrm{d}Y_S+\frac{\partial y}{\partial Z_S}\mathrm{d}Z_S+\frac{\partial y}{\partial \varphi}\mathrm{d}\varphi+\frac{\partial y}{\partial \omega}\mathrm{d}\omega+\frac{\partial y}{\partial \kappa}\mathrm{d}\kappa
\end{aligned}\right\} \tag{3.33}$$

式中：(x)，(y) 为函数的近似值，是将外方位元素的初始值 X_{S0}，Y_{S0}，Z_{S0}，φ_0，ω_0，κ_0 代入共线方程中所取得的数值；$\mathrm{d}X_S$，$\mathrm{d}Y_S$，$\mathrm{d}Z_S$，$\mathrm{d}\varphi$，$\mathrm{d}\omega$，$\mathrm{d}\kappa$ 为外方位元素近似值的改正数；$\frac{\partial x}{\partial X_S}$，$\cdots$，$\frac{\partial y}{\partial \kappa}$ 为函数的偏导数，是外方位元素改正数的系数。

　　对于每个已知控制点，把像点坐标 x, y 和对应地面点地面摄影测量坐标 X, Y, Z 代入式（3.33），可列出两个方程式。若像片内有 3 个已知地面控制点，就能列出 6 个方程式，求出 6 个外方位元素改正数。由于式（3.33）中系数仅取自泰勒级数展开式的一次项，未知数的近似值改正数是粗略的，所以计算时必须采用逐渐趋近法，解求过程要反复趋近，直至改正值小于某一限值为止。

第7节　航摄像片上的像点位移

一、地面水平时像片倾斜引起的像点位移

因像片倾斜而引起的像点移位，称为像点的倾斜误差，用 δ_α 表示。

研究倾斜像片上的像点移位，是把同摄站同主距的倾斜像片和水平像片依等比线重合在一起而比较两像片上相应点的点位的。图 3.27 表示倾斜像片 P 与对应的水平像片 P_o 依等比线重合的情况。地面上任一点 A 在 P 面上的构像为 a 在 P_o 面上的构像 a_o，当 P_o 面重合于 P 面后的位置 a_o，则 aa_o 即为像点 a 的倾斜误差，一般用 δ_α 表示，$\delta_\alpha = aa_o$。

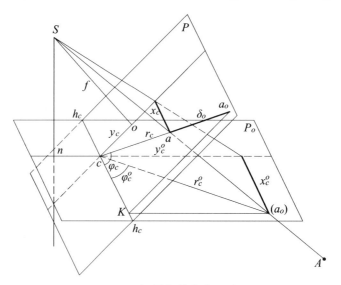

图 3.27　倾斜像片像点位移图

由几何知识可知：

$$\frac{x_c^o}{x_c} = \frac{y_c^o}{y_c} = \frac{f}{f - y_c \sin \alpha}$$

即

$$\frac{y_c^o}{x_c^o} = \frac{y_c}{x_c} \tag{3.34}$$

也即

$$\cot \varphi_c^o = \cot \varphi_c \tag{3.35}$$

故倾斜误差发生在等角点的辐射线上，即 c，a，a_o 在一直线上。这是倾斜误差的一个重要特性。

设 $|ca| = r_c$，$|ca_o| = r_c^o$，由图 3.28（a）可知：

$$r_c^o = \frac{y_c^o r_c}{y_c} = \frac{fr_c}{f - y_c \sin \alpha}$$

令

$$\delta_\alpha = r_c - r_c^o = r_c - \frac{fr_c}{f - y_c \sin \alpha} = \frac{r_c y_c \sin \alpha}{f - y_c \sin \alpha}$$

因

$$y_c = r_c \sin \varphi$$

故

$$\delta_\alpha = -\frac{r_c^2 \sin \varphi \sin \alpha}{f - r_c \sin \varphi \sin \alpha} \tag{3.36}$$

式（3.36）即为计算倾斜误差的严格公式，当 α 很小时，分母中的第二项可省去，可得近似公式为

$$\delta_\alpha = -\frac{r_c^2}{f} \sin \varphi \sin \alpha \tag{3.37}$$

分析式（3.36），还可以得出倾斜误差的如下特性：

① 等比线上的点倾斜误差为 0（因 φ 角为 0°或 180°，$\sin \varphi = 0$）。

② 当 r_c 一定时，主纵线上的点倾斜误差最大（因 φ 角为 90°或 270°，$|\sin \varphi| = 1$ 为最大值）。

③ 等比线将倾斜像片分为两部分，包含主点部分的所有像点都向着等角点 c 移位（因 $\varphi = 0° \sim 180°$，$\sin \varphi$ 为正，δ_α 为负），包含底点部分的所有像点背着等角点 c 移位（因 $\varphi = 180° \sim 360°$，$\sin \varphi$ 为负，δ_α 为正）。如图 3.28（b）所示，图中 $abcd$ 为倾斜像片上的图形，$a_o b_o c_o d_o$ 为按图 3.28（b）叠合后水平像片上的相应图形，箭头表示移位方向。

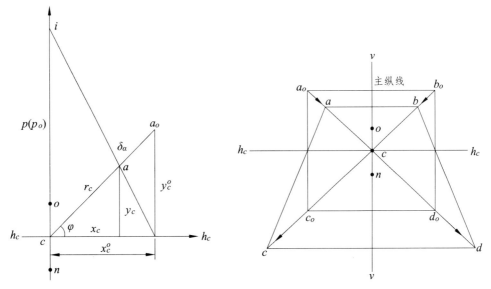

图 3.28　水平像片与倾斜像片叠合图

二、地形起伏在水平像片上引起的像点位移

某地面点 A 与起始基准面 E 的高差为 Δh，其在基准面 E 上的正射投影为 A_o，则地面点 A 较其在起始基准面上的正射投影 A_o 在同一张像片上构像位置的差异，称为地形起伏引起的像点位移，称为投影差。这种位移反映了中心投影与正射投影的差异。

（一）投影差公式的推导

如图 3.29 所示，E 为起始基准面，A 为地面上任一点，其相对 E 的高差为 Δh，其在 E 上的正射投影为 A_o，A 和 A_o 在像片 P 上的构像分别为 a，a_o，则连线 aa_o 即为因高差引起的投影差，以 δ_h 表示。因为像底点 n 是一切铅垂线的合点，所以投影差必在像点和像底点的连线上。

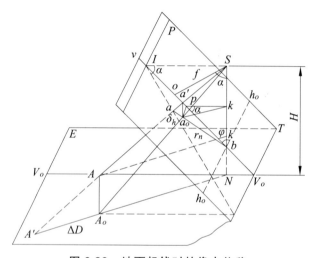

图 3.29　地面起伏时的像点位移

过 a_o 作 $a_o a' /\!/ Sn$，则 $\triangle aa_o a' \backsim \triangle aSn$，可得

$$\delta_h = \frac{a_o a' \cdot an}{Sn} = \frac{r_n \cos\alpha}{f} a_o a' \tag{a}$$

过 a_o 作平行于 E 面的水平面，交主纵线于 P，交主垂线于 K，则 $\triangle Sa_o K \backsim \triangle SA_o N$，另外 $\triangle Sa_o a' \backsim \triangle SA_o A$，可得

$$\frac{a_o a'}{\Delta h} = \frac{Sa_o}{SA_o} = \frac{SK}{SN} = \frac{Sn - nK}{SN} = \frac{\dfrac{f}{\cos\alpha} - nK}{H}$$

即

$$a_o a' = \frac{\Delta h}{H}\left(\frac{f}{\cos\alpha} - nK\right) \tag{b}$$

如图 3.29 所示，可知

$$nK = Pn\cos(90° - \alpha) = a_0 n \cos(\varphi - 90°)\cos(90° - \alpha)$$
$$= a_0 n \sin\varphi \sin\alpha = (r_n - \delta_n)\sin\varphi\sin\alpha \qquad (c)$$

将式（c）代入式（b）得

$$a_o a' = \frac{\Delta h}{H}\left[\frac{f}{\cos\alpha} - (r_n - \delta_h)\sin\varphi\sin\alpha\right] \qquad (d)$$

将式（d）代入式（a）得

$$\delta_h = \frac{r_n\cos\alpha\,\Delta h}{fH}\left[\frac{f}{\cos\alpha} - (r_n - \delta_h)\sin\varphi\sin\alpha\right]$$

$$= \frac{\Delta h r_n}{H} - \frac{\Delta h r_n^2}{fH}\cos\alpha\sin\varphi\sin\alpha + \frac{\Delta h r_n \delta_h}{fH}\cos\alpha\sin\varphi\sin\alpha$$

移项并提出 δ_h 为

$$\delta_h\left(1 - \frac{\Delta h r_n}{fH}\sin\varphi\frac{\sin 2\alpha}{2}\right) = \frac{\Delta h r_n}{H}\left(1 - \frac{r_n}{f}\sin\varphi\frac{\sin 2\alpha}{2}\right)$$

经整理后得

$$\delta_h = \frac{\Delta h r_n}{H}\left(\frac{1 - \dfrac{r_n}{2f}\sin\varphi\sin 2\alpha}{1 - \dfrac{r_n\Delta h}{2Hf}\sin\varphi\sin 2\alpha}\right) \qquad (3.38)$$

式（3.37）是计算投影差的严密公式，在近似垂直摄影情况下分母中 $\dfrac{r_n\Delta h}{2Hf}\sin\varphi\sin 2\alpha$ 的一项与 1 相比较，是极其微小的，可略去，则得近似式为

$$\delta_h = \frac{\Delta h r_n}{H}\left(1 - \frac{r_n}{2f}\sin\varphi\sin 2\alpha\right) \qquad (3.39)$$

在水平像片上，$\alpha = 0$，代入式（3.39）得

$$\delta_h = \frac{\Delta h r_n^o}{H} \qquad (3.40)$$

从式（3.38）和式（3.39）可以看出，在一张像片上，投影差的大小主要取决于高差 Δh 和向径 r_n。

如图 3.29 所示，由于 $AA_0 /\!/ SN$，则 SA 和 NA_0 两线共面；作图延长 SA、NA_0，其相交于

A'点，A'点在起始基准面 E 上；过 A 点作平行于 $NA'R$ 的直线交主垂线 SN 于 K'；AK'以 R 表示，为地面点至地底点的水平距离；$A'A_0$以ΔD 表示，为地面上的投影差。由图 3.31 可知，$\triangle AA'A_0 \backsim \triangle SAK'$，则

$$\frac{\Delta D}{R} = \frac{\Delta h}{H - \Delta h}$$

即

$$\Delta D = \frac{\Delta h}{H - \Delta h} R$$

将上式两端乘以成图比例尺 $1/M$，得

$$\Delta D \frac{1}{M} = \frac{\Delta h}{H - \Delta h} R \frac{1}{M}$$

即

$$\delta_E = \frac{\Delta h}{H - \Delta h} r_E \tag{3.41}$$

式中：δ_E 为图板上的投影差；r_E 为图板上的辐射距。式（3.41）是在图板上改正投影差时计算投影差的公式。此公式不仅为严密的理论公式，而且在生产中有一定的实用意义。

（二）投影差的特性

（1）投影误差发生在以 n 为顶点的辐射线上。

（2）水平像片上的投影误差大小，与地面点对起始面的高差成正比，与像点的辐射距成正比，与起始面的航高成反比。

（3）移位方向和改正方向如图 3.30 所示。

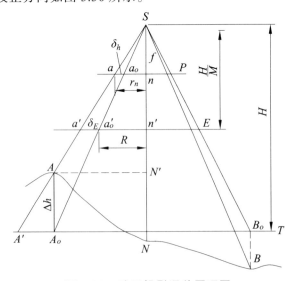

图 3.30　改正投影误差原理图

由式（3.4）及图 3.30 所示可知：

在像片上，当 $\Delta h > 0$ 时，$\delta_h > 0$，像点向外移位。

当 $\Delta h < 0$ 时，$\delta_h < 0$，像点向内移位。

在图板上，当 $\Delta h > 0$ 时，$\delta_E > 0$，图点向内移位。

当 $\Delta h < 0$ 时，$\delta_E < 0$，图点向外移位。

（4）投影误差具有相对性，它随起始面的选择不同而不同，当选择过该点的水平面为起始面时，$\Delta h = 0$，此时 $\delta_h = 0$。这点在摄影测量中是很有用的。

第 8 节　航摄像片的构像比例尺

在航摄像片上某一线段构像的长度与地面上相应线段水平距离之比，就是航摄像片上该线段的构像比例尺。

由于像片倾斜和地形起伏的影响，在中心投影的航摄像片上，在不同的点位上产生不同的像点位移，因此各部分的比例尺是不相同的，只有当像片水平而地面是水平的平面时，像片上各部分的比例尺才一致，这仅仅是个理想的特殊情况。下面根据不同情形来分析和了解像片比例尺变化的一般规律。

一、像片水平和水平平坦地区的像片比例尺

设地面 E 是水平的平面，而且摄影时像片保持严格水平，从投影中心 S 到平面 E 的距离为航高 H，到像平面 P 的距离为摄影机主距 f。位于平面 E 上的线段 AB 在像片 P 上的透视构像为线段 ab（见图 3.31），于是按像片比例尺的定义可用下列的关系式表示：

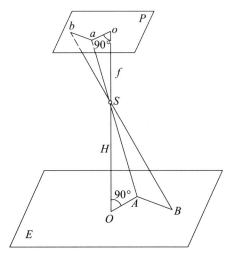

图 3.31　线段 AB 在缘片 P 上的透视构像

$$\frac{1}{m} = \frac{ab}{AB} \tag{3.42}$$

从相似三角形 oaS 与 OAS，以及三角形 abS 与 ABS，得

$$\frac{ab}{AB} = \frac{as}{AS} = \frac{os}{OS} = \frac{f}{H}$$

因此

$$\frac{1}{m} = \frac{f}{H} \tag{3.43}$$

即航摄像片上的构像比例尺等于航空摄影机的主距与航高之比。因此当像片水平和地面为水平面的情况下，像片比例尺是一个常数。

二、像片水平而地面有起伏的像片比例尺

假定在航摄像片上有地面点 A、B、C、D 的构像 a、b、c、d（图 3.32 所示），其中 A、B 两点位于同一水平面 E_1 上，C、D 两点位于起始水平面 E_0 上。

用 H 表示起始平面 E_0 的航高，用 h 表示平面 E_1 相对于平面 E_0 的高差，就可写出：

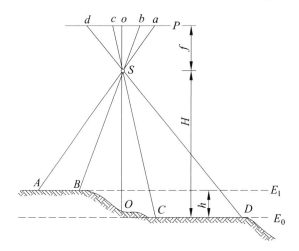

图 3.32　地形起伏引起的像片比例尺变化

$$\frac{1}{m_1} = \frac{cd}{CD} = \frac{f}{H} \tag{3.44}$$

$$\frac{1}{m_2} = \frac{ab}{AB} = \frac{f}{H-h} \tag{3.45}$$

可见在地面有起伏时，水平像片上不同部分的构像比例尺，依线段所在平面的相对航高而转移。如果知道起始平面的航高 H，以及线段所在平面相对于起始平面的高差 h，则航摄像片上该线段构像比例尺为

$$\frac{1}{m} = \frac{f}{H-h} \tag{3.46}$$

式中，h 可能是正值，也可能是负值。因为起始平面是任意选取的，所以通常选取像片上所摄地区的平均高程面作为起始面。

水平像片上各部分的构像比例尺不同，这是由于像片为中心投影的缘故。

三、像片倾斜而地面为水平面的像片比例尺

目前在航空摄影时，还不能保持像片严格水平，这种情况使得像片的构像比例尺将不是一个常数。

假设在地平面 E 上有一格网图形 $ABCD$（见图 3.33），各边分别与透视轴 t—t 和基本方向线 V—V 相平行。在像片上的构像 l_1、l_2、l_3、l_4 还是彼此相等；但在不同的水平线上，对地面上相等线段的构像，长度则不相等。可见在每条像水平线上的构像比例尺为常数，而不同水平线上的构像比例尺是各不相同的。

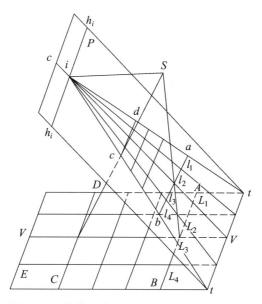

图 3.33　像片倾斜而地面水平的像片比例尺

对任意一条像水平线的构像比例尺 $1 : m_k$，可取像片 P 和地平面 E 上任意一对透视对应点的横坐标 x 和 X 作为有限长度的线段，两者相比而得，即

$$\frac{1}{m_h} = \frac{x}{X} \tag{3.47}$$

现将 $x^0 = \dfrac{f}{H} X$ 代入式（3.29），得

$$X = \frac{H}{f\cos\alpha - y\sin\alpha} \tag{3.48}$$

式中：x、y 是以像主点为原点，主纵线为 y 轴的像平面坐标系中的像点坐标；X 是以地底点 N 为原点，基本方向线 V—V 为 Y 轴的地面坐标系中的相应地面点坐标。当以基本方向线为 Y

轴,以 N、O 或 C 为坐标原点时,同一点的 X 坐标是相同的。因此在像水平线上的构像比例尺满足

$$\frac{1}{m_h} = \frac{x}{X} = \frac{f}{H}\left(\cos\alpha - \frac{x}{f}\sin\alpha\right) \tag{3.49}$$

式中: y 是像水平线与像主点 o 之间的距离。

通过航摄像片各特征点的水平线上的构像比例尺:

(1)通过像主点 o 的水平线,即主横线 h_o—h_o 上的比例尺,这时 $y=0$,因而

$$\frac{1}{m_{h_o}} = \frac{f}{H}\cos\alpha \tag{3.50}$$

(2)通过像底点 n 的水平线,即 h_n—h_n 上的比例尺,这时 $y=-|on|=-f\tan\alpha$,因此

$$\frac{1}{m_{h_n}} = \frac{f}{H\cos\alpha} \tag{3.51}$$

(3)通过等角点 c 的水平线,即等比线 h_c—h_c 上的比例尺,这时 $y=-|oc|=-f\tan\dfrac{\alpha}{2}$,因而

$$\frac{1}{m_{h_c}} = \frac{f}{H} \tag{3.52}$$

由此可见,在等比线上的构像比例尺,等于在同一摄站摄取的水平像片的构像比例尺,这就是等比线名称的由来。

除各水平线上的构像比例尺为常数外,其他任何方向线上的构像比例尺都是不断变化的。

至于对地面有起伏的倾斜像片,构像比例尺的变化更加复杂,本书不予讨论。

在生产实践中,通常无须知道确切的构像比例尺,主要是依据地面控制点归化成图。只有在航测综合法单张像片测图时,需要根据地面上的距离与像片上相应线段长度相比较,求局部的平均比例尺。

【习题与思考题】

1. 什么是中心投影?

2. 绘图说明透视变换中重要点、线、面。

3. 摄影测量中的坐标系有哪些?如何定义?

4. 什么是内方位元素?有哪几个?它的作用是什么?

5. 什么是外方位元素?有哪几个?它的作用是什么?

6. 写出共线条件方程,并说明公式中每个元素的含义。

7. 什么是后方交会?

8. 什么是倾斜误差?它有哪些特性?

9. 什么是投影误差?它有哪些特性?

10. 在哪些情况下,像片上各点的比例尺皆为 $1/m=f/H$?

第4章　立体测图原理与方法

【学习目标】

　　立体测图也称为双像立体测图，是以两个相邻摄站所摄取的具有一定重叠度的一对像片为量测单元，来获取地物空间位置信息的方法。本章从天然立体视觉人眼构造谈起，介绍像对的立体观察和立体量测，重点阐述双像立体测图的基本原理与方法。

　　通过本章学习：能够掌握立体像对的概念；理解像对立体观察的原理；了解立体像对观察与量测的方法；掌握数字摄影测量系统立体测图的方法步骤。

第1节　人眼的构造和立体视觉

一、双眼观察的天然立体视觉

　　人的眼睛好像一部照相机，前面的水晶体相当于镜头，后面的网膜相当于感光片。网膜的中央有网膜窝，是视觉最灵敏的地方。网膜窝中心与水晶体后节点的连线叫作眼的视轴。当人眼注视某物点时，视轴会自动地转向该点，使该点成像在网膜窝中心，同时随着物体离人眼的远近自动改变水晶体的曲率，使物体在网膜上的构像清晰。眼睛的这种本能称为眼的调节。当用双眼观察物体时，两眼会本能地使物体的像落于左右两网膜窝中心，即视轴交会于所注视的物点上。这种本能称为眼的交会。在生理习惯上，眼的交会动作与眼的调节是同时进行，永远协调的。图 4.1 所示是人眼睛的结构示意图。

　　人们对自然界景物可以是单眼观察或双眼观察，单眼观察就如同照相机照一张相片一样，把空间立体的景物变成一个平面的构像，单眼观察只能感觉到物体的存在和判断其方向，不能判别物体的远近。生活中用单眼观察产生的远近（景深差）感觉，是按照透视法则，比较成像大小和明暗适度而得到的，并非真正的立体感。用一双眼睛同时观察景物称为双眼观察，只有用双眼同时观察景物，才能分辨出物体的远近，得到景物的立体效应，这种现象称为人眼的天然立体视觉。

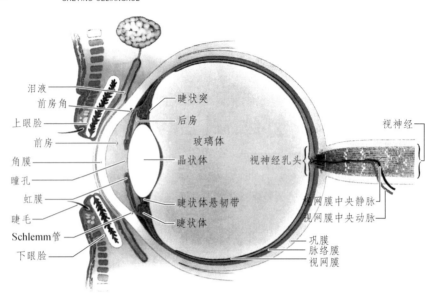

图 4.1　人眼的结构

那么，人的双眼观察为什么会产生天然立体视觉而能分辨出远近不同的景物呢？如图 4.2 所示，有一物点 A，距双眼的距离为 L，当双眼注视 A 点时，两眼的视准轴本能地交会于该点，此时两视轴相交的角度 r，称为交会角。在两眼交会的同时，水晶体自动调节焦距，得到最清晰的影像。交会与调节焦距这两项动作是本能地进行的。人眼的这种本能称为凝视。当双眼凝视 A 点时，在两眼的网窝膜中央就得到构像 a 和 a'；若 A 点附近有一点 B，较 A 点为近，距双眼的距离为 $L-dL$，同样得到构像 b 和 b'。由于 A、B 两点距眼睛的距离不等，致使网窝膜上的 ab 弧长和 $a'b'$ 弧长不相等，ab 弧长和 $a'b'$ 弧长之差称为生理视差，生理视差也反映为观察 A、B 两点交会角的差别，双眼交会 A 点时的交会角为 γ，双眼交会 B 点时的交会角为 $\gamma+d\gamma$，$\gamma+d\gamma>\gamma$，因此，人的双眼就能区别物体的远近。生理视差是产生天然立体视觉的根本原因，人们正是从这一原理出发获取人造立体视觉。

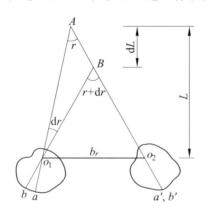

图 4.2　人眼的立体视觉

由图 4.2 可以看出交会角与距离有如下关系：

$$\tan\frac{\gamma}{2} = \frac{b_\gamma}{2L} \tag{4.1}$$

式中，b_γ 为眼基线，随人而异，其平均长度为 65 mm。将（4.1）式微分，可得交会角变化与距离的关系以及生理视差的关系式为

$$dL = -\frac{b_\gamma d\gamma}{\gamma^2} = -\frac{L^2}{b_\gamma} \cdot d\gamma = -\frac{L^2}{b_\gamma} \cdot \frac{\sigma}{f_\gamma} \tag{4.2}$$

式中，f_γ 为眼焦距，约为 17 mm。

双眼观察能判别物体有远近的能力，称为双眼视力，通常用两物点（其中一点为注视点）的视差角之差来表示（任一物点的两相应视线的交角称为视差角，如图 4.2 中的 γ）。双眼视力也分为两类，能判别两物点有远近差别的能力叫作第一类双眼视力，经实验约为 30″；能判别平行线有远近差别的能力叫作第二类双眼视力，约为 15″～10″。

双眼观察时，如观察点与凝视点前后距离相差不超过一定范围，则双眼中的构像基本一样，视觉中也自然凝合为一个影像；如果前后距离相差较大，两个眼中的相应弧距是不相等的，则视觉中会出现双影。这个现象是容易观察到的，只要在观察者面前举起两支铅笔，使它们前后相距 15～20 cm，则凝视前面的铅笔时，后面的铅笔为双影；凝视后面的铅笔时，前面的铅笔为双影。经验表明，当观察目标点的视差角与凝视点的视差角之差不大于 70″时，便可以凝合成一个影像，形成立体视觉。由此可见，一定范围内的生理视差是形成立体视觉的原因。

二、人造立体视觉

当我们用双眼观察空间远近不同的景物 A、B 时，两眼产生生理视差，获得立体视觉，可以判断景物的远近。如果此时我们在双眼前各放一块玻璃片，如图 4.3 中的 P 和 P'，则 A 和 B 两点分别得到影像 a、b 和 a'、b'。若玻璃上有感光材料，影像就分别记录在 P 和 P' 上，当移开实物后，两眼分别观看各自玻璃片上的构像，仍能看到与实物一样的空间景物 A 和 B，这就是空间景物在人眼网膜窝上产生生理视差的人眼立体视觉效应。其过程为：空间景物在感光材料上构像，再用人眼观察构像的像片而产生生理视差，重建空间景物立体视觉。这样的立体视觉称为人造立体视觉，所有看到的立体模型称为视模型。

根据人造立体视觉原理，在摄影测量中规定摄影时保持像片的重叠度在 60% 以上，是为了获得同一地面景物在相邻两张像片上都有影像，它完全类同于上述两玻璃片上记录的景物影像。利用相邻像片组成的像对进行双眼观察（左眼看左片，右眼看右片），同样可以获得所摄地面景物的立体模型，这样就奠定了立体摄影测量的基础。

如上所述，人造立体视觉必须符合自然界立体观察的四个条件：

（1）由两个摄影站点摄取同一景物面组成立体像对。

（2）每只眼睛必须分别观察像对的一张像片。

（3）两条同名像点的视线与眼基线应在一个平面内。

（4）两像片的比例尺相近（差别<15%），否则需用 ZOOM 系统等进行调节。

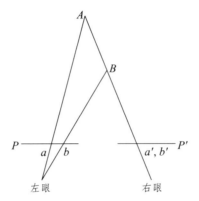

图 4.3　人造立体视觉

进行像对立体观察时，在满足上述条件的情况下，如果像片相对眼睛安放的位置不同，可以得到不同的立体效果，即可能产生正立体、反立体和零立体效应。

正立体是指观察立体像对时形成的与实地景物起伏（远近）相一致的立体感觉。当左、右眼分别观察立体像对的左、右像片时，就产生正立体效应，如图 4.4（a）所示。在此基础上将立体像对的两张像片作为一个整体，在其自身平面内旋转 180°，观察位置不变，使左眼看右像、右眼看左像，得到的仍是正立体，仅方位相差 180°，如图 4.4（b）所示。用这种方法观察航空摄影的立体像对，就能看到连绵起伏的山脉、低洼的山谷、河流，获得与地形相似的立体模型。正立体效应广泛应用于摄影测量的各个环节之中。

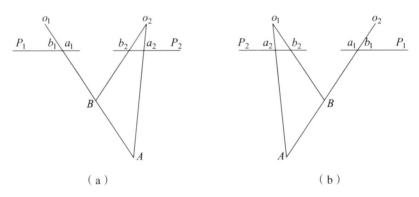

（a）　　　　　　　　　　　（b）

图 4.4　正立体

反立体是指观察立体像对时产生的与实地景物起伏（远近）相反的一种立体感觉。在正立体效应 4.4（a）的基础上，将各自平面内旋转 180°[见图 4.5（a）]或两张像片的位置互换[见图 4.5（b）]，此时所产生的生理视差与直接观察空间实物时的生理视差符号相反，所获得的立体效应与实际情况恰恰相反，山脊线变成了山谷线，洼地变成了山头。在摄影测量作业中，常用反立体效应检查正立体观测的正确性。

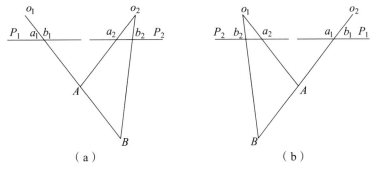

图 4.5　反立体

像对立体观察中形成的原景物起伏（远近）消失了的一种效应，称为零立体效应。这是将立体像对的两张像片各旋转 90°，使同名像点的连线都相等，并且原左右视差方向改变为与眼基线垂直所得到的结果。这时所有同名像点的生理视差都变为零，故消失了远近的感觉。

第 2 节　像对立体观察和立体量测

像对的立体观察和立体量测是摄影测量的基本技能和基础，它不但增强了辨认像点的能力，而且提高了量测精度。立体摄影测量仪器都是在对像对进行立体观察和立体量测的条件下进行作业的。不掌握像对的立体观察和立体量测的技能，就不能从事摄影测量工作。

一、像对立体观察

（一）立体像对

1. 立体像对的定义

由不同摄影站摄取的、具有一定影像重叠的两张像片称为立体像对。

2. 立体像对上下视差和左右视差

立体像对上相应像点在两像片上的位置是不同的，即在两像片上的像平面坐标是不等的，如图 4.6 所示。这种相应像点的坐标差称为视差，其中横坐标之差称为左右视差，用 p 表示；纵坐标之差称为上下视差，用 q 表示，即

$$\left.\begin{array}{l} p = x_1 - x_2 \\ q = y_1 - y_2 \end{array}\right\} \tag{4.3}$$

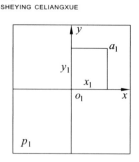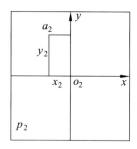

图 4.6　像点的上下视差和左右视差

左右视差恒为正，上下视差可为正、负或零。

（二）像对立体观察方法

在人造立体视觉必须满足的第二个条件中，立体观察要求两眼各看一张像片，通常称为分像。这与我们平时观看物体双眼交会与凝视的本能相违背，因此需要采取必要的措施达到分像的目的。借助立体观察的不同仪器进行立体观察，就有着不同的立体观察方法。

1. 立体镜观察法

最简单的立体镜就是小型的桥式立体镜，如图 4.7 所示。在一个桥架上安置两个相同的简单透镜，两透镜光轴平行，其间距约为人的眼基线，桥架的高度等于透镜的焦距，像片对放在透镜的焦面上，物点影像经过透镜后射出来的光线是平行光，因此，观察者感觉到像是在观察远处的自然景物一样。这种小型立体镜只适合观察小像幅的像片对，若要观察大像幅的航摄像片，要用长焦距的反光立体镜。

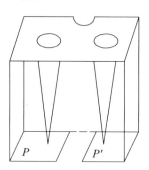

图 4.7　小型桥式立体镜

反光立体镜由两对反光平面镜和一对透镜组成，平面镜安置成 45°的倾角。在反光镜下面安置的左右像片上的像点所发出的光线，经反光镜的两次反射后分别进入人的左右两眼，达到分像的目的，如图 4.8 所示；同时观察的像片位于反光镜透镜的焦面附近，像点发出的光线经透镜后差不多成平行光束，因而眼睛始终调节在远点上，很容易使交会与调节相适应而得到清晰的立体效果。透镜的唯一作用是放大，反光立体镜放大倍率约为 1.5 ～ 2 倍。

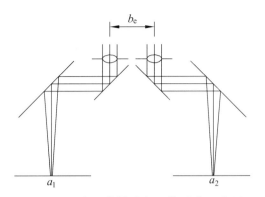

图 4.8　反光立体镜进行立体观察示意图

用桥式立体镜观察立体像对的步骤如下：

① 将像对按方位线定向，即使两像片上的相应方位线（本片的像主点与邻片像主点的相应像点的连线）位于一条直线上。

② 沿方位线方向使两像片相对地左右移动，以改变像片之间的距离，使相应视线的交角与眼的交会角相适应。

③ 使观察基线与像片上方位线平行，即可进行像对立体观察。

2. 互补色法立体观察

互补色法是利用互补色的特性达到分像目的的立体观察。最常用的互补为绿-品红。互补色法分像可采用互补色减法和互补色加法两种。

1）互补色加法

互补色加法分像用于投影影像的立体观察。将一对透明的像片分别置于仪器的左右两投影器内，在暗室内用白光照明像片。在投影器物镜前面分别放置品红色滤光片和绿色滤光片，那么在共同的白色承影面上得到品红色和绿色的一对混杂在一起的影像，而在投影像幅区域之外的是黑色背景。设投影在承影面上的同名像点 a_1（左红）和 a_2（右绿）的连线已经满足平行于眼基线的条件，如图 4.9 所示，观察者左右眼也戴上品红-绿色的眼镜，去观察承影面上的彩色投影影像。由于右投影器的绿色投影影像不能透过观察者左眼前的品红色镜片，对观察者左眼而言像点 a_2（右绿）成为黑色，融合于黑色背景中。也就是说，戴红色镜片的左眼看不见承影面上右像片的绿色投影影像。与此相反，左投影器的品红色影像可以通过左眼红色镜片而为左眼所见，即看见了像点 a_1（左红）。同样，左像片的红色影像不能透过右眼前的绿镜片，对右眼而言成为黑色，融合于黑色背景中，即右眼看不见承影面上左像片的红色影像，却只能看到右方的绿色影像。如此，左眼观看左投影器的投影影像，右眼观看右投影器的投影影像，从而达到了分像的目的。在眼基线平行于同名影像连线时，两条视线相交就获得视模型点 A'。显然，如果观察者两眼位置变动，视模型点 A' 的位置也随之而变。图中 S_1a_1 与 S_2a_2 两投影射线空中相交的 A 点，形成稳定不变的几何模型点。

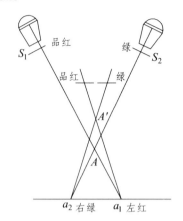

图 4.9　互补色加法立体观察

2）互补色减法

互补色减法分像用于互补色印刷品的立体观察。在同一张白纸上分别用品红-绿互补色印刷一对像片，得到一张互补色构像交错在一起的彩色立体图画，如图 4.10 所示。观察者左右眼戴上品红-绿互补色眼镜，在明室对立体图画进行观察。对戴品红色镜片的左眼而言，把白色图纸的背景看出品红色，致使立体图画中用品红色印刷的图像与背景融合在一起，左眼无法再分辨出品红色图像，或者说看不见品红色图像。而用绿色印刷的图像，由于不能透过左眼前红镜片而看成黑色。如此，左眼观察的视觉是为品红色背景的黑色绿像图形；同样，右眼观察的视觉为绿色背景的黑色红像图形。这样就达到了分像的目的，立体观察出白色背景的黑色立体视模型。

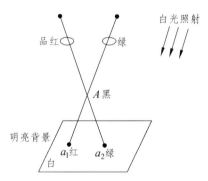

图 4.10　互补色减法立体观察

3. 偏振光法立体观察

光线通过偏振器分解出偏振光，偏振光的横向光波波动只在偏振平面内进行。在偏振光的光路中如有另一个偏振器，偏振光通过这每两个偏振器后，光的强度将随两偏振器的偏振平面相对旋角 α 而改变，即 $I_2 = I_1 \cos 2\alpha$，其中 I_1 为偏振光的强度，I_2 为通过每两个偏振器后的光强。当两偏振平面相互平行，即 $\cos \alpha = \cos 0° = 1$ 时，则可取得最大光强的偏振光。当两偏振平面相垂直时，$\cos \alpha = \cos 90° = 0$，则 $I_2 = 0$，表示偏振光不能通过每两个偏振器，在偏振器的另一边看不见光线。利用这种特性，在一对像片的投影光路中旋转一个偏振平面相互垂直的偏振器，以两组横向光波波动成相互垂直方向的偏振光，将影像投影到特制的共同承影面上。观察者戴上偏振光眼镜，两镜片的偏振平面相互垂直，且分别与投射光路中偏振器偏振平面相平行或垂直。这样双眼观察承影面上一对混杂在一起的投影影像时，就能达到分像的目的，从而得到人造立体效能。偏振光法可用于彩色影像的立体观察，获得彩色的立体视模型。

4. 同步闪团法立体观察

利用液晶的特性和电流的改变使液晶镜片一瞬间透光、一瞬间不透光，通过一个控制盒由电脑控制液晶镜片的透光与否。当电脑上显示左片时，控制左边的镜片透光，而右边的镜片不透光；在下一瞬间，电脑上显示右片时，控制右边的镜片透光，而左边的镜片不透光。这样每一瞬间只有一只眼睛能看到它那张航片，由于闪闭频率较高（100 Hz），虽然此时只看到一张航片，但另一张航片的视觉残留仍在大脑中，大脑就会将另一张航片的视觉残留与目前所看到航片视觉融合起来，犹如看电影一样，每一个画面都是静止的，但我们感觉电影是活动的画面。通过左右航片的交替出现来实现分像。

目前，数字摄影测量工作站中，常用的是同步闪团法及偏振光法。

以上所述的不同立体观测方法均要达到每只眼睛只看一张像片的分像目的。

二、像对立体量测

在地面上进行测量有时要在测求的地形点上树立人造的清晰标志，以便于辨认。观测时借助仪器望远镜内的十字丝去视准该点。在摄影测量中为求得地形点的空间位置，首先要在一对像片上辨认出地形点的同名像点，这就比较困难；用相当于十字丝作用的测标去对准单张像片上没有明显特征的地形点影像，又很难准确。因此摄影测量仪器都要采用像对的立体观察方法，以浮游测标切准视模型点作为量测的手段。

摄影测量仪器中为建立瞄准用的浮游测标，可使用双测标和单测标两种方法。这里提出浮游测标是因为量测空间点位时测标需作三维运动。双测标法是用两个真实测标放在左右两像片上或左右像点的观察视线的光路中，在立体观察像片对时，左右两测标可当作一对同名像点看待，同样可以获得一个视觉的空间虚测标，就用这个虚测标去量测视模型。设像对已定向好，满足了人造立体效能的条件，其上有一对同名像点 a_1 和 a_2，如图 4.11 所示，在立体观察下能得到视模型点 A。现若像片上各有一个真实测标 M_1 和 M_2，在立体观察下得虚测标 M'。虚测标 M' 并未照准模型点 A。将实测标 M_1，M_2 在像片上移动，就会看到虚测标在空间运动，总能够把虚测标 M' 正好与视模型点 A 相重合，这就完成了瞄准工作。这时真实测标 M_1 和 M_2 就分别落在同名像点 a_1 和 a_2 上。根据测标 M_1 和 M_2 在像片上的位置就能辨认出一对像片上的同名像点。两实测标相对于起始位置的运动量可由相应分划尺读出，这也就是像点在像片上的坐标值了。现在的立体摄影测量仪器多数采用双筒光学系统的立体镜作为立体观察系统，所以也都是采用双测标法进行立体量测。双测标法的测标有圆点、圆圈、T 形、斜 T 形和直线等形状。

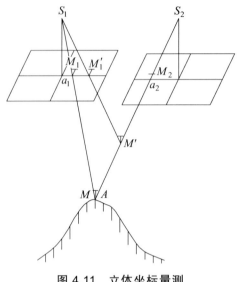

图 4.11　立体坐标量测

第 3 节　双像立体测图的基本原理

一、立体像对的点、线、面

立体摄影测量是以立体像对为基础,通过对立体像对的观察和量测确定地面目标的形状、大小、空间位置及性质的一门技术。在第 3 章我们学习了单张像片上的特殊的点、线、面,对于立体像对来说,也有立体像对的一些特殊的点、线、面。

图 4.12 表示处于摄影位置的立体像对,S_1 和 S_2 分别是左像片 P_1 和右像片 P_2 的投影中心,两投影中线的连线 B 称为摄影基线,o_1、o_2 分别为左右像片的像主点。地面点 A 的投射线 AS_1 和 AS_2 叫作同名光线,同名光线分别与两像面的交点 a_1、a_2 叫作同名像点。显然,处于摄影位置时,同名光线在同一个平面内,即同名光线共面,这个平面叫作核面。广义地说,通过摄影基线的平面都可以叫作核面,通过某一地面点的核面则叫作该点的核面。例如通过地面点 A 的核面就叫作 A 点的核面,记作 W_A。所以,在摄影时所有的同名光线都处在各自对应的核面内,即摄影时各对同名光线都是共面的,这是关于立体像对的一个重要几何概念。

通过像底点的核面叫作垂核面,因为左右底点的投射光线是平行的,所以一个立体像对有一个垂核面。过像主点的核面叫作主核面,过左像主点的核面叫作左主核面,过右像主点的核面叫作右主核面。由于两主光轴一般不在同一个平面内,所以左右主核面一般是不重合的。

基线或其延长线与像平面的交点叫作核点，图 4.12 中 J_1、J_2 分别是左右像片上的核点。核面与像平面的交线叫作核线，与垂核面、主核面相对应有垂核线和主核线。同一个核面对应的左右像片上的核线叫作相应核线，相应核线上的像点一定是一一对应的，因为它们都是同一个核面与地面切口线上的点的构像。由此得知，任意地面点对应的两条核线是相应核线，左右像片上的垂核线也是相应核线，而左右主核线一般不是相应核线。由于所有核面都通过摄影基线，而摄影基线与像平面相交于一点，即核点，所以像面上所有核线必会聚于核点。

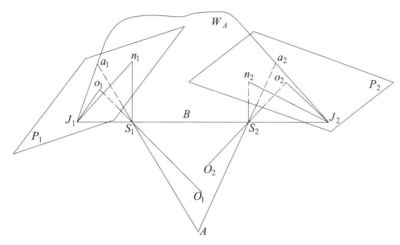

图 4.12 立体像对的点、线和面

二、双像立体测图的基本原理

立体摄影测量（双像立体测图）是利用立体像片对，在恢复他们的内外方位元素后，重建与地面相似的几何模型，并对该模型进行量测的一种摄影测量方法。

地面点反射出的光线，通过摄影物镜记录在感光材料上，经摄影处理得到摄影底片。如图 4.13 左图所示，地面点 A，M，D，C 等发出的光线，通过相邻两摄影机物镜 S_1 和 S_2，分别构像在左右像片上重叠范围内，成为两个摄影光束。两摄影站 S_1 和 S_2 的距离是空间摄影基线 B。光线 AS_1 和 AS_2、CS_1 和 CS_2…都是相应的同名光线，这时同名光线与基线总在一个竖直平面内，即三矢量 $\overrightarrow{S_1S_2}$，$\overrightarrow{S_1A}$，$\overrightarrow{S_2A}$ 共面，又常称为同名光线对对相交。根据摄影过程的可逆性，将底片 P_1 与 P_2 装回到与摄影机相同的两个投影镜箱内，保持两投影机的方位与摄影机方位相同，但物镜间的距离缩小，即投影器从 S_2 搬到 S_2' 处，此时投影基线为 $S_1S_2' = b$，在投影器上。用聚光灯照明，则两投影器光束中所有同名光线仍对对相交，构成空间的交点 A'、M'、D'、C' 等。所有这些交点的集合，构成与地面相似的光学立体模型。这个过程称为摄影过程的几何反转。因此，立体像对测图的原理，就是摄影过程的几何反转原理。

在构成的立体模型中，如用一个有标志的测绘台，如图 4.13 右图所示，在承影面上利用测绘台的升降来使测标与地面相切，再加上测绘台的平面移动，测绘台下的绘图笔就可测绘出地形图。

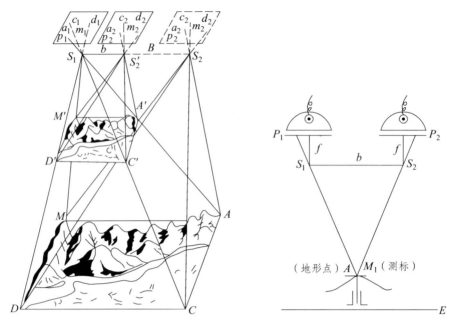

图 4.13 立体摄影测量的基本原理

三、双像立体测图概述

一个立体像对，两像片影像重叠范围内的任意地面点在两张像片上都分别有它们的同名像点，并与相应的摄影中心组成同名射线，同名摄影射线是对对相交的。因此，摄影时摄影基线、同名射线、同名像点与地面点之间有着固定的几何关系。

利用像对进行立体测图，必须重建与实地相似且符合比例尺及空间方位的几何模型。若能恢复像片对的内、外方位元素，就能恢复上述固有的几何关系。因此，重建立体模型的过程是：

（1）恢复像片对的内方位元素，也称内定向。这一过程容易实现，因为摄影机主距及框标坐标是已知的。

（2）恢复像片对的外方位元素。因外方位元素通常是未知的，所以要恢复像片的外方位元素，通常需分为两个步骤：首先找出两张像片相对位置的数据，称这些数据为像片对的相对定向元素，若恢复了像对的相对定向元素（相对定向），同名射线（投影光线）就能对对相交并形成与实地相似的几何模型。但仅完成相对定向，并没有完全恢复两像片的外方位元素，因相对定向后建立起来的几何模型，它的大小和空间方位都是任意的，还必须找出恢复该模型大小与空间方位的数据，这些数据称为模型的绝对定向元素。若恢复了该模型的绝对定向元素，就恢复了该模型的大小和空间方位，把相对定向后重建的立体几何模型纳入地面摄影测量坐标系中并符合所要求的比例尺，对该模型进行量测，可获得模型点的三维坐标。因此，通过相对定向和绝对定向两个步骤来恢复两张像片的外方位元素，也称之为间接地实现摄影过程的几何反转。

不同仪器完成上述重建立体模型的过程有不同的立体测图方法，主要有以下三种：

（一）模拟法立体测图

这是一种经典的摄影测量制图方法，它是利用两个投影器，将航摄的透明底片装在投影器中，再用灯光照射，重建地面立体模型。在测绘承影面上，用一个量测用的测绘台进行测图。这种方法曾是测图的重要方法。由于它是用立体型的摄影测量仪器模拟摄影过程的反转，所以称为模拟摄影测量。这种方法所用的仪器类型很多，20 世纪 70 年代后，由于电子技术的发展，这类仪器已被解析测图仪代替。这种仪器测绘的地形图都是线划产品，用于建立地理基础信息库时，还需将地图进行数字化，增加了工作量。因此，目前这类仪器都在进行技术改造，增加了计算机与接口设备，用计算机辅助测图，提高测图效率，并使产品具有线划与数字两种形式，可直接进入地理信息库。

（二）解析法立体测图

这是 1957 年以后，随着电子技术的发展而形成的一种测图方法。所用的仪器称为解析测图仪，它由一台精密立体坐标量测仪、计算机接口设备、绘图仪、计算机软件系统等组成。一像片安置在像片盘上，按前面讲述的计算公式进行解析相对定向、解析绝对定向等，求解建立立体模型的各种元素后，存储在计算机中。测图时，软件自动计算模型点对应的左、右像片上同名像点坐标，并通过伺服系统自动推动左、右像片盘和左、右测标运动，使测标切准模型点，从而满足共线方程，进行立体测图。这种方法精度高，且不受模拟法的某些限制，适用于各种摄影资料及各种比例尺测图任务。其产品首先以数字形式存储在计算机中，可直接提供数字形式的地理基础信息。目前这种方法已经被淘汰。

（三）影像数字化立体测图

它是目前生产中的主要方法。它所用的仪器称为数字摄影测量系统，主要由像片数字化仪、计算机、输出设备及摄影测量软件系统组成。透明底片或像片经数字化以后，变成数字形式的影像，利用数字相关技术，代替人眼观察，自动寻找同名像点并量测坐标。采用解析计算的方法，建立数字立体模型，由此建立数字高程模型，自动绘制等高线，制作正射影像图，提供地理基础信息等。整个过程除少量人机交互外，全部自动化。从正射影像上进行地物目标和信息提取，目前仍是半自动的人机交互方法。例如我国自行研制的全数字摄影测量系统 VirtuoZo 与 JX-4C 已大规模用于摄影测量生产作业。随着计算机技术、数字图像处理技术、计算机视觉技术、专家系统等的开发，在摄影测量成图方面数字化测图以其高效率、自动化、智能化而得到了广泛应用。

无论哪一种测图方法，都要经内定向、相对定向、绝对定向及测图等过程。

第4节　像点坐标量测

在摄影测量中，一个立体像对的同名像点在各自的像平面坐标系的 x, y 坐标之差称为左右视差 p 及上下视差 q，即 $p = x_1 - x_2$，$q = y_1 - y_2$。用解析方法处理摄影测量像片时，首先要测出像点坐标 x, y，测量这些量的专用的仪器称为立体坐标量测仪。新型的立体坐标量测仪都有小型计算机与接口设备，使量测的数据直接进入计算机进行数据处理。不同结构的仪器有不同的量测结果，有的立体坐标量测仪可量测出 x_1, y_1 及 x_2, y_2，有的可量测出 x_1, y_1 及 p, q。

图 4.14 是 HCT-1 型立体坐标量测仪的全貌，主要由基座、总滑床、X 导轨、Y 车架、观测系统和照明系统等部件组成。使用图 4.8 所示的双目镜观测光路的立体观察法，双测标放入左、右光路中，用于量测 (18×18) cm² 的航摄像片，改装后也可量测 (23×23) cm² 的像片。其盒形基座是仪器的基础部件，置于桌上。底部有两个可调螺旋，用于置平仪器。总滑床用镶珠轴承与基座及 X 导轨相连，左、右像片盘位于总滑床上。转动 X 手轮，左、右像片盘和总滑床一同作 X 方向移动，使左测标在 X 方向对准要量测的像点，其值在 X 读数鼓上读得；借助 Y 手轮可使观测系统的物镜作 Y 方向移动，使左测标在 Y 方向上与要量测的像点对准，其值在 Y 读数鼓上读取；借助视差手轮 P, Q，又可使右像片和右观测系统分别相对于左像片和左观测系统在 X 和 Y 方向上移动，从而使右测标对准右像片上的同名像点，达到立体切准模型，从左右视差轮和上下视差轮上读取 P、Q 的读数。

利用该仪器进行像点坐标量测之前，需要使仪器各读数归零，然后进行像片的归心和定向。归心是使像片坐标系的原点与仪器坐标系的已知位置重合，定向是使坐标系仪坐标轴系与像平面坐标轴系平行，移动相应的 X, Y, P, Q 手轮，使测标立体切准待量测的点，并记下读数 X, Y, P, Q，最后用下式计算像点坐标，即

左像片像点坐标：$\begin{cases} x_1 = X - X_0 \\ y_1 = Y - Y_0 \end{cases}$

右像片像点坐标：$\begin{cases} x_2 = x_1 - (P - P_0) \\ y_2 = y_1 - (Q - Q_0) \end{cases}$

式中，X_0, Y_0, P_0, Q_0 为立体坐标量测仪零位置的读数。

图 4.14　HCT-1 型立体坐标量测仪

HCT-1 型立体坐标量测仪的量测精度为 20 μm。量测精度达到 3 μm 的立体坐标量测仪称为精密立体坐标量测仪，这种仪器都带有自动记录装置，型号很多，如国产精密立体坐标量测仪、德国蔡司厂的 Stecometer、德国欧波同厂的 PSK 型等，他们的结构各有特点，但功能基本相同。

【习题与思考题】

　　1. 说明双眼观察的天然立体视觉。

　　2. 什么是人造立体效能？人造立体视觉必须符合自然立体观察的哪些条件？

　　3. 立体观察有哪些方法？

　　4. 立体像对有哪些特殊的点、线、面？

　　5. 重建立体模型的过程是什么？

第5章 双像解析摄影测量基础

【学习目标】

双像解析摄影测量是通过研究立体像对内两张像片之间以及立体像对与被摄物体之间的数学关系，用解析计算的方法来获取地物空间三维坐标信息。本章详细介绍了用立体像对获取地面位置信息的理论方法。

通过本章学习能够掌握双像解析摄影测量三种理论解析方法及每种方法的解析过程及其优缺点。

第1节 双像解析摄影测量的概念

在普通测量中有前方交会的测量方法，它是根据两个已知测站的平面坐标和两条已知方向线的水平角，解求待定点的平面坐标，如图 5.1 所示。双像解析摄影测量，可以理解为普通测量前方交会的推广。它是根据两个摄影中心的三维空间坐标和两条待定物点的构像光线，确定该物点的三维坐标，即空间前方交会，如图 5.2 所示。这里，构像光线的方向由像片的角方位元素和像点坐标确定。

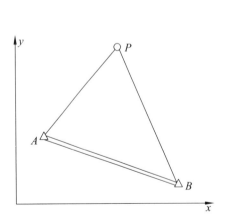

图 5.1 摄影测量学中的前方交会

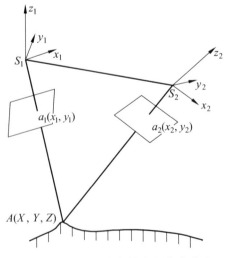

图 5.2 摄影测量学中的空间前方交会

根据像片方位元素确定方式不同，双像解析摄影测量可分为空间后方交会-前方交会法、相对定向-绝对定向法和光束法三种。

（1）空间后方交会-前方交会法解求地面点的空间坐标。这种方法先以单张像片为单位进行空间后方交会，分别求出两张像片的外方位元素，再根据待定点的一对像点坐标，用空间前方交会法解求待定点的地面坐标。

（2）相对定向-绝对定向法解求地面点的空间坐标。这种方法不直接求出两张像片相对于地面摄影测量坐标系和外方位元素，而是先进行相对定向，确定两张像片相对于以左摄站为原点的像空间辅助坐标系的方位元素-相对定向元素，然后用前方交会方法计算出模型点坐标，建立与地面相似的立体模型。最后进行绝对定向，将立体模型作三维的平移、旋转和缩放，使模型点坐标变换为地面摄影测量坐标。

（3）光束法解求地面点的空间坐标。这种方法根据共线条件方程式同时解算两张像片的12 个外方位元素和待定点的地面坐标。光束法又称一步定向法。

第 2 节　单像空间后方交会

一、单像空间后方交会的概念

如果已知每张像片的 6 个外方位元素，就能够确定被摄物体与航摄像片的关系，因此，如何获取像片的外方位元素，一直是摄影测量工作者所探讨的问题。目前，采用的测定方法有：利用雷达、全球定位系统（GNSS）、惯性导航系统以及星相摄影机来获取像片的外方位元素；也可以利用摄影测量空间后方交会，如图 5.3 所示。该方法的基本思想是根据影像覆盖范围内一定数量的分布合理的地面控制点（已知其像点和地面点的坐标，利用航片上三个以上的像点坐标及对应的地面控制点坐标），利用共线条件方程解求像片外方位元素的工作。

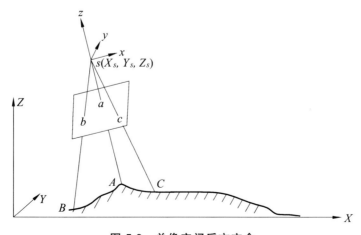

图 5.3　单像空间后方交会

二、单像空间后方交会基本关系式

空间后方交会所采用的基本关系式为共线条件方程式：

$$
\left.
\begin{aligned}
x &= -f\,\frac{a_1(X-X_S)+b_1(Y-Y_S)+c_1(Z-Z_S)}{a_3(X-X_S)+b_3(Y-Y_S)+c_3(Z-Z_S)} \\
y &= -f\,\frac{a_2(X-X_S)+b_2(Y-Y_S)+c_2(Z-Z_S)}{a_3(X-X_S)+b_3(Y-Y_S)+c_3(Z-Z_S)}
\end{aligned}
\right\}
\tag{5.1}
$$

由于共线条件方程是非线性函数，为了便于计算，需按泰勒级数展开，取小值一次项，使之线性化。

$$
\left.
\begin{aligned}
x &= F_{x_0}+\Delta F_x \\
y &= F_{y_0}+\Delta F_y
\end{aligned}
\right\}
\tag{5.2}
$$

式中，F_{x_0} 和 F_{y_0} 是将外方位元素的初始值 X_{S_0}，Y_{S_0}、Z_{S_0}、φ_0，ω_0，κ_0 代入式（5.1）中所取得的数值，令 $F_{x_0}=(x)$，$F_{y_0}=(y)$，则

$$
\Delta F_x=\frac{\partial x}{\partial X_S}\Delta X_S+\frac{\partial x}{\partial Y_S}\Delta Y_S+\frac{\partial x}{\partial Z_S}\Delta Z_S+\frac{\partial x}{\partial \varphi}\Delta\varphi+\frac{\partial x}{\partial \omega}\Delta\omega+\frac{\partial x}{\partial \kappa}\Delta\kappa
$$

$$
\Delta F_y=\frac{\partial y}{\partial X_S}\Delta X_S+\frac{\partial y}{\partial Y_S}\Delta Y_S+\frac{\partial y}{\partial Z_S}\Delta Z_S+\frac{\partial y}{\partial \varphi}\Delta\varphi+\frac{\partial y}{\partial \omega}\Delta\omega+\frac{\partial y}{\partial \kappa}\Delta\kappa
$$

其中：ΔX_S，ΔY_S，ΔZ_S，$\Delta\varphi$，$\Delta\omega$，$\Delta\kappa$ 是像片外方位元素各初始值的相应改正值，为待定未知数；$\dfrac{\partial x}{\partial X_S}$，$\cdots$，$\dfrac{\partial y}{\partial \kappa}$ 为共线条件方程的偏导数，是函数线性化的关键。

对每一个已知控制点，把量测出的并经系统误差改正后的像点坐标 x，y 和相应点地面坐标 X，Y，Z 代入式（5.2）中，就能列出两个方程式。每个方程式中有 6 个待定改正值，若像片内有 3 个已知地面坐标控制点，则可列出 6 个方程式，解求出 6 个改正值 ΔX_S，ΔY_S，ΔZ_S，$\Delta\varphi$，$\Delta\omega$，$\Delta\kappa$。这一求解过程需要反复趋近，直至改正值小于某一限值为止。

三、单像空间后方交会的误差方程式与法方程式

为了提高解算外方位元素的精度，常有多余观测方程。当像幅内有多余控制点时，应依最小二乘法平差计算。此时像点的坐标 x、y 作为观测值看待，控制点坐标视为真值，加入相应的改正数 v_x 和 v_y，按观测值+观测值改正数=近似值+近似值改正数原则，得

$$
\left.
\begin{aligned}
x+v_x &= (x)+d_x \\
y+v_y &= (y)+d_y
\end{aligned}
\right\}
\tag{5.3}
$$

这样，可列出每个点的误差方程式，其一般形式为

$$v_x = \frac{\partial x}{\partial X_S}\Delta X_S + \frac{\partial x}{\partial Y_S}\Delta Y_S + \frac{\partial x}{\partial Z_S}\Delta Z_S + \frac{\partial x}{\partial \varphi}\Delta\varphi + \frac{\partial x}{\partial \omega}\Delta\omega + \frac{\partial x}{\partial \kappa}\Delta\kappa + (x) - x$$

$$v_y = \frac{\partial y}{\partial X_S}\Delta X_S + \frac{\partial y}{\partial Y_S}\Delta Y_S + \frac{\partial y}{\partial Z_S}\Delta Z_S + \frac{\partial y}{\partial \varphi}\Delta\varphi + \frac{\partial y}{\partial \omega}\Delta\omega + \frac{\partial y}{\partial \kappa}\Delta\kappa + (y) - y$$

若上式各外方位元素近似值改正数的系数用 $a_{11}, a_{12}, \cdots, a_{26}$ 表示，则上式写成：

$$\left.\begin{aligned}v_x = a_{11}\Delta X_S + a_{12}\Delta Y_S + a_{13}\Delta Z_S + a_{14}\Delta\varphi + a_{15}\Delta\omega + a_{16}\Delta\kappa - l_x\\ v_y = a_{21}\Delta X_S + a_{22}\Delta Y_S + a_{23}\Delta Z_S + a_{24}\Delta\varphi + a_{25}\Delta\omega + a_{26}\Delta\kappa - l_y\end{aligned}\right\}\qquad(5.4)$$

式中
$$\left.\begin{aligned}l_x = x - (x)\\ l_y = y - (y)\end{aligned}\right\}\qquad(5.5)$$

其中：x，y 为量测出的并经系统误差改正后的像点坐标；(x)，(y) 为用初值按式（5.5）计算出来的像点坐标。

用矩阵形式表示：

$$V = BX - L \qquad(5.6)$$

其中

$$V = [v_x \quad v_y]^T$$

$$B = \begin{bmatrix} a_{11} & a_{12} & a_{13} & a_{14} & a_{15} & a_{16} \\ a_{21} & a_{22} & a_{23} & a_{24} & a_{25} & a_{26} \end{bmatrix}$$

$$X = [\Delta X_S \quad \Delta Y_S \quad \Delta Z_S \quad \Delta\varphi \quad \Delta\omega \quad \Delta\kappa]^T$$

$$L = [l_X \quad l_y]^T$$

根据误差方程式列出法方程式：

$$B^T PBX - B^T PL = 0$$

对所有像点坐标的观测值，一般认为都是等权的，（P 为单位矩阵），则

$$X = (B^T B)^{-1} B^T L \qquad(5.7)$$

从而求出像片外方位元素初始值的改正数 ΔX_S，ΔY_S，ΔZ_S，$\Delta\varphi$，$\Delta\omega$，$\Delta\kappa$，逐次趋近最后求出 6 个外方位 X_S，Y_S，Z_S，φ，ω，κ。

在单像空间后方交会的基本关系式及误差方程式中，均含有外方位元素近似改正数的系数，即偏导数 $\frac{\partial x}{\partial X_S}, \cdots, \frac{\partial y}{\partial \kappa}$。对各系数的求法推演如下，为书写方便，令共线方程中的分母、

分子用下式表达：

$$\overline{X} = a_1 \left(X - X_S \right) + b_1 \left(Y - Y_S \right) + c_1 \left(Z - Z_S \right)$$
$$\overline{Y} = a_2 \left(X - X_S \right) + b_2 \left(Y - Y_S \right) + c_2 \left(Z - Z_S \right)$$
$$\overline{Z} = a_3 \left(X - X_S \right) + b_3 \left(Y - Y_S \right) + c_3 \left(Z - Z_S \right)$$

则

$$a_{11} = \frac{\partial x}{\partial X_S} = \frac{\partial \left(-f \dfrac{\overline{X}}{\overline{Z}} \right)}{\partial X_S} = -f \left(-\frac{a_1}{\overline{Z}} - \frac{\overline{X} a_3}{\overline{Z}^2} \right) = \frac{1}{\overline{Z}} \left(a_1 f + a_3 f \frac{\overline{X}}{\overline{Z}} \right) = \frac{1}{\overline{Z}} (a_1 f + a_3 x)$$

按相仿的步骤得出（以 v_x 为例）：

$$\left.\begin{aligned}
a_{11} &= \frac{\partial x}{\partial X_S} = \frac{1}{\overline{Z}} (a_1 f + a_3 x) \\
a_{12} &= \frac{\partial x}{\partial Y_S} = \frac{1}{\overline{Z}} (b_1 f + b_3 x) \\
a_{13} &= \frac{\partial x}{\partial Z_S} = \frac{1}{\overline{Z}} (c_1 f + c_3 x) \\
a_{21} &= \frac{\partial y}{\partial X_S} = \frac{1}{\overline{Z}} (a_2 f + a_3 y) \\
a_{22} &= \frac{\partial y}{\partial Y_S} = \frac{1}{\overline{Z}} (b_2 f + b_3 y) \\
a_{23} &= \frac{\partial y}{\partial Z_S} = \frac{1}{\overline{Z}} (c_2 f + c_3 y)
\end{aligned}\right\} \qquad (5.8)$$

$$\left.\begin{aligned}
a_{14} &= \frac{\partial x}{\partial \varphi} = -\frac{f}{\overline{Z}^2} \left(\frac{\partial \overline{X}}{\partial \varphi} \overline{Z} - \frac{\partial \overline{Z}}{\partial \varphi} \overline{X} \right) \\
a_{15} &= \frac{\partial x}{\partial \omega} = -\frac{f}{\overline{Z}^2} \left(\frac{\partial \overline{X}}{\partial \omega} \overline{Z} - \frac{\partial \overline{Z}}{\partial \omega} \overline{X} \right) \\
a_{16} &= \frac{\partial x}{\partial \kappa} = -\frac{f}{\overline{Z}^2} \left(\frac{\partial \overline{X}}{\partial \kappa} \overline{Z} - \frac{\partial \overline{Z}}{\partial \kappa} \overline{X} \right) \\
a_{24} &= \frac{\partial y}{\partial \phi} = -\frac{f}{\overline{Z}^2} \left(\frac{\partial \overline{Y}}{\partial \phi} \overline{Z} - \frac{\partial \overline{Z}}{\partial \phi} \overline{Y} \right) \\
a_{25} &= \frac{\partial y}{\partial \omega} = -\frac{f}{\overline{Z}^2} \left(\frac{\partial \overline{Y}}{\partial \omega} \overline{Z} - \frac{\partial \overline{Z}}{\partial \omega} \overline{Y} \right) \\
a_{26} &= \frac{\partial y}{\partial \kappa} = -\frac{f}{\overline{Z}^2} \left(\frac{\partial \overline{Y}}{\partial \kappa} \overline{Z} - \frac{\partial \overline{Z}}{\partial \kappa} \overline{Y} \right)
\end{aligned}\right\} \qquad (5.9a)$$

$$\begin{bmatrix} \overline{X} \\ \overline{Y} \\ \overline{Z} \end{bmatrix} = \begin{bmatrix} a_1 & b_1 & c_1 \\ a_2 & b_2 & c_2 \\ a_3 & b_3 & c_3 \end{bmatrix} \begin{bmatrix} X - X_S \\ Y - Y_S \\ Z - Z_S \end{bmatrix} = \boldsymbol{R}^{\mathrm{T}} \begin{bmatrix} X - X_S \\ Y - Y_S \\ Z - Z_S \end{bmatrix}$$

因为

$$= \boldsymbol{R}_\kappa^{\mathrm{T}} \boldsymbol{R}_\omega^{\mathrm{T}} \boldsymbol{R}_\varphi^{\mathrm{T}} \begin{bmatrix} X - X_S \\ Y - Y_S \\ Z - Z_S \end{bmatrix} = \boldsymbol{R}_\kappa^{-1} \boldsymbol{R}_\omega^{-1} \boldsymbol{R}_\varphi^{-1} \begin{bmatrix} X - X_S \\ Y - Y_S \\ Z - Z_S \end{bmatrix}$$

所以

$$\frac{\partial}{\partial \varphi} \begin{bmatrix} \overline{X} \\ \overline{Y} \\ \overline{Z} \end{bmatrix} = \boldsymbol{R}_\kappa^{-1} \boldsymbol{R}_\omega^{-1} \frac{\partial \boldsymbol{R}_\varphi^{-1}}{\partial \varphi} \begin{bmatrix} X - X_S \\ Y - Y_S \\ Z - Z_S \end{bmatrix} = R_\kappa^{-1} R_\omega^{-1} R_\varphi^{-1} R_\varphi \frac{\partial R_\varphi^{-1}}{\partial \varphi} \begin{bmatrix} X - X_S \\ Y - Y_S \\ Z - Z_S \end{bmatrix}$$

$$= \boldsymbol{R}^{-1} \boldsymbol{R}_\varphi \frac{\partial \boldsymbol{R}_\varphi^{-1}}{\partial \varphi} \begin{bmatrix} X - X_S \\ Y - Y_S \\ Z - Z_S \end{bmatrix}$$

而

$$\boldsymbol{R}_\varphi^{\mathrm{T}} = \boldsymbol{R}_\varphi^{-1} = \begin{bmatrix} \cos\varphi & 0 & \sin\varphi \\ 0 & 1 & 0 \\ -\sin\varphi & 0 & \cos\varphi \end{bmatrix}$$

则

$$\boldsymbol{R}_\varphi \frac{\partial \boldsymbol{R}_\varphi^{-1}}{\partial \varphi} = \begin{bmatrix} \cos\varphi & 0 & -\sin\varphi \\ 0 & 1 & 0 \\ \sin\varphi & 0 & \cos\varphi \end{bmatrix} \begin{bmatrix} -\sin\varphi & 0 & \cos\varphi \\ 0 & 0 & 0 \\ -\cos\varphi & 0 & -\sin\varphi \end{bmatrix} = \begin{bmatrix} 0 & 0 & 1 \\ 0 & 0 & 0 \\ -1 & 0 & 0 \end{bmatrix}$$

代入上式得

$$\frac{\partial}{\partial \varphi} \begin{bmatrix} \overline{X} \\ \overline{Y} \\ \overline{Z} \end{bmatrix} = \begin{bmatrix} a_1 & b_1 & c_1 \\ a_2 & b_2 & c_2 \\ a_3 & b_3 & c_3 \end{bmatrix} \begin{bmatrix} 0 & 0 & 1 \\ 0 & 0 & 0 \\ -1 & 0 & 0 \end{bmatrix} \begin{bmatrix} X - X_S \\ Y - Y_S \\ Z - Z_S \end{bmatrix}$$

$$= \begin{bmatrix} a_1 & b_1 & c_1 \\ a_2 & b_2 & c_2 \\ a_3 & b_3 & c_3 \end{bmatrix} \begin{bmatrix} 0 & 0 & 1 \\ 0 & 0 & 0 \\ -1 & 0 & 0 \end{bmatrix} \begin{bmatrix} a_1 & a_2 & a_3 \\ b_1 & b_2 & b_3 \\ c_1 & c_2 & c_3 \end{bmatrix} \begin{bmatrix} \overline{X} \\ \overline{Y} \\ \overline{Z} \end{bmatrix}$$

$$
=\begin{bmatrix} 0 & -(c_1a_2-c_2a_1) & (c_3a_1-c_1a_3) \\ (c_1a_2-c_2a_1) & 0 & -(c_2a_3-c_3a_2) \\ -(c_3a_1-c_1a_3) & (c_2a_3-c_3a_2) & 0 \end{bmatrix}\begin{bmatrix} \overline{X} \\ \overline{Y} \\ \overline{Z} \end{bmatrix}
$$

$$
=\begin{bmatrix} 0 & -b_3 & b_2 \\ b_3 & 0 & -b_1 \\ -b_2 & b_1 & 0 \end{bmatrix}\begin{bmatrix} \overline{X} \\ \overline{Y} \\ \overline{Z} \end{bmatrix}
$$

同理：

$$
\frac{\partial}{\partial \omega}\begin{bmatrix} \overline{X} \\ \overline{Y} \\ \overline{Z} \end{bmatrix}=\boldsymbol{R}_\kappa^{-1}\frac{\partial \boldsymbol{R}_\omega^{-1}}{\partial \omega}\boldsymbol{R}_\varphi^{-1}\begin{bmatrix} X-X_S \\ Y-Y_S \\ Z-Z_S \end{bmatrix}=\boldsymbol{R}_\kappa^{-1}\frac{\partial \boldsymbol{R}_\omega^{-1}}{\partial \omega}\boldsymbol{R}_\omega\boldsymbol{R}_\kappa\boldsymbol{R}_\kappa^{-1}\boldsymbol{R}_\omega^{-1}\boldsymbol{R}_\varphi^{-1}\begin{bmatrix} X-X_S \\ Y-Y_S \\ Z-Z_S \end{bmatrix}
$$

$$
=\boldsymbol{R}_\kappa^{-1}\begin{bmatrix} 0 & 0 & 0 \\ 0 & 0 & 1 \\ 0 & -1 & 0 \end{bmatrix}\boldsymbol{R}_\kappa\boldsymbol{R}^{-1}\begin{bmatrix} X-X_S \\ Y-Y_S \\ Z-Z_S \end{bmatrix}=\begin{bmatrix} \overline{Z}\sin\kappa \\ \overline{Z}\cos\kappa \\ -\overline{X}\sin\kappa-\overline{Y}\cos\kappa \end{bmatrix}
$$

$$
\frac{\partial}{\partial \kappa}\begin{bmatrix} \overline{X} \\ \overline{Y} \\ \overline{Z} \end{bmatrix}=\frac{\partial \boldsymbol{R}_\kappa^{-1}}{\partial \kappa}\boldsymbol{R}_\kappa\boldsymbol{R}_\kappa^{-1}\boldsymbol{R}_\omega^{-1}\boldsymbol{R}_\varphi^{-1}\begin{bmatrix} X-X_S \\ Y-Y_S \\ Z-Z_S \end{bmatrix}=\begin{bmatrix} 0 & 1 & 0 \\ -1 & 0 & 0 \\ 0 & 0 & 0 \end{bmatrix}\begin{bmatrix} \overline{X} \\ \overline{Y} \\ \overline{Z} \end{bmatrix}=\begin{bmatrix} \overline{Y} \\ -\overline{X} \\ 0 \end{bmatrix}
$$

将上述偏导数代入（5.9a）式，并利用有关表达式，经整理得

$$
\left.\begin{aligned}
&a_{14}=y\sin\omega-\left[\frac{x}{f}(x\cos\kappa-y\sin\kappa)+f\cos\kappa\right]\cos\omega \\
&a_{15}=-f\sin\kappa-\frac{x}{f}(x\sin\kappa+y\cos\kappa) \\
&a_{16}=y \\
&a_{24}=-x\sin\omega-\left[\frac{y}{f}(x\cos\kappa-y\sin\kappa)-f\sin\kappa\right]\cos\omega \\
&a_{25}=-f\cos\kappa-\frac{y}{f}(x\sin\kappa+y\cos\kappa) \\
&a_{26}=-x
\end{aligned}\right\} \qquad （5.9b）
$$

上述系数，当地面点的地面坐标及相应的像点坐标和摄影机主距已知时，给定外方位元素的近似值后，均可计算得出。

在竖直摄影情况下，角元素都是小角时（$<3°$）时，可用 $\phi=\omega=\kappa=0$ 及 $Z-Z_S=-H$ 代替，得到各系数的近似值：

$$
\left.\begin{array}{l}
a_{11} = -\dfrac{f}{H}, a_{12} = 0 \\[2mm]
a_{13} = -\dfrac{x}{H}, a_{14} = -f\left(1 + \dfrac{x^2}{f^2}\right) \\[2mm]
a_{15} = -\dfrac{xy}{f}, a_{16} = y \\[2mm]
a_{21} = 0, a_{22} = -\dfrac{f}{H} \\[2mm]
a_{23} = -\dfrac{y}{H}, a_{24} = -\dfrac{xy}{f} \\[2mm]
a_{25} = -f\left(1 + \dfrac{y^2}{f^2}\right), a_{26} = -x
\end{array}\right\}
\tag{5.10}
$$

四、单像空间后方交会的解算过程

综上所述，空间后方交会的求解过程如下：

（1）获取已知数据；包括平均航高，内方位元素，从外业测量成果中获取控制点的地面测量坐标，并转化成地面摄影测量坐标。

（2）量测控制点的像点坐标并进行像点坐标系统误差改正，将控制点刺到像片上，利用坐标量测仪量测控制点的像框标坐标，并经过像点坐标改正，得到像点坐标。

（3）确定未知数的初始值：在竖直摄影情况下，三个角元素初值：$\varphi_0 = \omega_0 = \kappa_0 = 0$。线元素初值：$Z_{S_0} = mf$，$X_{S_0} = \dfrac{1}{4}\sum\limits_{i=1}^{4} X_{tpi}$，$Y_{S_0} = \dfrac{1}{4}\sum\limits_{i=1}^{4} Y_{tpi}$。

（4）计算旋转矩阵 $\boldsymbol{R}$：利用角元素的近似值计算方向余弦，组成旋转矩阵。

（5）逐点计算像点坐标近似值：利用未知数的近似值代入共线方程式计算控制点像点坐标的近似值（x），（y）。

（6）组成误差方程式：按公式组成误差方程式，然后按组成法方程式解算未知数的改正数。

（7）改正数小于指定值（一般为 0.1），则完成；否则将解算的未知数加上初始值，作为新的初始值，重复（4）～（6）步。

五、空间后方交会的精度

由平差理论可知，法方程系数的逆矩阵 $(\boldsymbol{A}^{\mathrm{T}}\boldsymbol{A})^{-1}$ 等于未知数的协因数阵 $\boldsymbol{Q}_x$，因此可按下式计算未知数的中误差：

$$
m_i = m_0 \cdot \sqrt{Q_{ii}}
\tag{5.11}
$$

式中：i 表示相应的未知数；Q_{ii} 为 $\boldsymbol{Q}_x$ 矩阵中的主对角线元素；m_0 称为单位权中误差，计算公式为：

$$m_0 = \pm\sqrt{\frac{[VV]}{2n-6}}$$

（5.12）

式中，n 表示控制点的总数。

除了单像空间后方交会解法外，本章将介绍的双像解析法相对定向和绝对定向、双像解析的光束法以及第六章的空中三角测量与区域网平差等都可以恢复或获取外方位元素。

第 3 节　立体像对的前方交会

一、立体像对前方交会的概念

用单像空间后方交会可以求得像片的外方位元素，但要想根据单张像片的像点坐标反求相应地面点的空间坐标是不可能的。因为外方位元素与一个已知像点，只能确定该像片的空间方位及摄影中心 S 至像点的射线空间方向，只有利用立体像对上的同名像点，才能得到两条同名射线在空间相交的点，即该地面点的空间位置。

立体像对与所摄地面存在一定的几何关系，可用数学公式来描述像点与相应地面点之间的关系。如图 5.4 所示，设 S_1 和 S_2 为两个摄影站，摄取了一对像片，任一地面点 A 在像对左右像片上的像点为 a_1 和 a_2。现已知两张像片的内、外方位元素，设想将像片按内外方位元素置于摄影时位置，显然同名射线 S_1a_1 和 S_2a_2 必然交于地面点 A。这样由立体像片对的两张像片内、外方位元素和像点坐标来确定该点物方坐标的方法，称为空间前方交会。

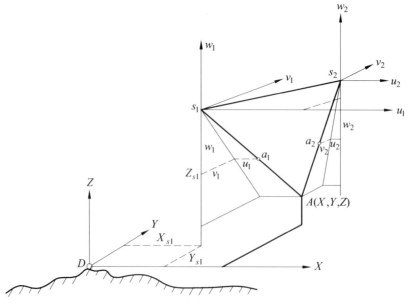

图 5.4　立体像对空间前方交会

二、空间前方交会的基本关系式

要确定像点与其对应的地面点的数学表达式，按图 5.4 所示，$D\text{-}XYZ$ 为地面摄影测量坐标系，$S_1\text{-}U_1V_1W_1$ 和 $S_2\text{-}U_2V_2W_2$ 分别为左右像片的像空间辅助坐标系，其坐标轴分别平行物方坐标系 $D\text{-}XYZ$ 的坐标轴，且两个像空间辅助坐标系的三个轴系分别与 $D\text{-}XYZ$ 三轴平行。

设地面点 A 在 $D\text{-}XYZ$ 坐标系中的坐标为 (X, Y, Z)，地面点 A 在 $S_1\text{-}U_1V_1W_1$ 和 $S_2\text{-}U_2V_2W_2$ 中的坐标分别为 (U_1, V_1, W_1) 和 (U_2, V_2, W_2)，A 点相应的像点 a_1、a_2 的像空间坐标为 $(x_1, y_1, -f)$、$(x_2, y_2, -f)$，像点的像空间辅助坐标为 (u_1, v_1, w_1)、(u_2, v_2, w_2)，则有

$$\begin{pmatrix} u_1 \\ v_1 \\ w_1 \end{pmatrix} = \mathbf{R}_1 \begin{pmatrix} x_1 \\ y_1 \\ -f \end{pmatrix} \qquad \begin{pmatrix} u_2 \\ v_2 \\ w_2 \end{pmatrix} = \mathbf{R}_2 \begin{pmatrix} x_2 \\ y_2 \\ -f \end{pmatrix} \qquad (\text{a})$$

式中，$\mathbf{R}_1$，$\mathbf{R}_2$ 为由已知的外方位角元素计算的左右像片的旋转矩阵。右摄影站点 S_2 在 $S_1\text{-}U_1V_1W_1$ 中的坐标，即摄影基线 B 的三个分量 B_u，B_v，B_w，可由外方位元素计算，即

$$\left. \begin{aligned} B_u &= X_{S_2} - X_{S_1} \\ B_v &= Y_{S_2} - Y_{S_1} \\ B_w &= Z_{S_2} - Z_{S_1} \end{aligned} \right\} \qquad (\text{b})$$

因左右像空间辅助坐标系及 $D\text{-}XYZ$ 相互平行，且摄影站点、像点、地面点三点共线，因此可得出

$$\left. \begin{aligned} \frac{S_1A}{S_1a_1} &= \frac{U_1}{u_1} = \frac{V_1}{v_1} = \frac{W_1}{w_1} = N_1 \\ \frac{S_2A}{S_2a_2} &= \frac{U_2}{u_2} = \frac{V_2}{v_2} = \frac{W_2}{w_2} = N_2 \end{aligned} \right\} \qquad (\text{c})$$

式中：N_1，N_2 分别为左右像点的投影系数；U_1，V_1，W_1 为地面点 A 在 $S_1\text{-}U_1V_1W_1$ 中的坐标；U_2，V_2，W_2 为地面点 A 在 $S_2\text{-}U_2V_2W_2$ 中的坐标，且

$$\begin{bmatrix} U_1 \\ V_1 \\ W_1 \end{bmatrix} = N_1 \begin{bmatrix} u_1 \\ v_1 \\ w_1 \end{bmatrix}, \quad \begin{bmatrix} U_2 \\ V_2 \\ W_2 \end{bmatrix} = N_2 \begin{bmatrix} u_2 \\ v_2 \\ w_2 \end{bmatrix} \qquad (\text{d})$$

最后得出计算地面点坐标的公式为

$$\left. \begin{aligned} X &= X_{S_1} + U_1 = X_{S_2} + U_2 \\ Y &= Y_{S_1} + V_1 = Y_{S_2} + V_2 \\ Z &= Z_{S_1} + W_1 = Z_{S_2} + W_2 \end{aligned} \right\} \qquad (5.13)$$

一般地，在计算地面点 Y 坐标时，应取均值，即

$$Y = \frac{1}{2}[(Y_{S_1} + N_1 v_1) + (Y_{S_2} + N_2 v_2)]$$

考虑到式（b），式（5.13）又可变为

$$
\left.
\begin{array}{l}
B_u = X_{S_2} - X_{S_1} = N_1 u_1 - N_2 u_2 \\
B_v = Y_{S_2} - Y_{S_1} = N_1 v_1 - N_2 v_2 \\
B_w = Z_{S_2} - Z_{S_1} = N_1 w_1 - N_2 w_2
\end{array}
\right\}
\tag{e}
$$

由（e）式中的一、三两式联立求解，得投影系数的计算公式为

$$
\left.
\begin{array}{l}
N_1 = \dfrac{B_u w_2 - B_w u_2}{u_1 w_2 - u_2 w_1} \\[2mm]
N_2 = \dfrac{B_u w_1 - B_w u_1}{u_1 w_2 - u_2 w_1}
\end{array}
\right\}
\tag{5.14}
$$

式（5.13）及式（5.14）是立体像对空间前方交会的基本公式。

综上所述，点投影系数法空间前方交会的基本计算过程如下：

（1）获取已知数据 x_0，y_0，f，X_{S_1}，Y_{S_1}，Z_{S_1}，φ_1，ω_1，κ_1，X_{S_2}，Y_{S_2}，Z_{S_2}，φ_2，ω_2，κ_2。

（2）量测同名像点坐标 x_1，y_1，x_2，y_2。

（3）由外方位线元素计算基线分量 B_u，B_v，B_w。

（4）由内、外方位角元素计算像点的像空间辅助坐标 (u_1, v_1, w_1)，(u_2, v_2, w_2)。

（5）计算点投影系数 N_1，N_2。

（6）计算地面坐标（X，Y，Z）。

三、双像解析的空间后交-前交方法

双像解析摄影测量，就是利用解析计算的方法处理一个立体像对的影像信息，从而获得地面点信息的空间信息。采用双像解析计算的空间后交-前交方法计算地面点的空间坐标，其步骤如下：

（一）野外像片控制测量

一个立体像对如图 5.5 所示，在重叠部分的四个角，找出四个明显的地物点作为四个控制点。在野外判读出四个明显地物点的地面位置，做出地面标志，并在像片上准确刺出点位，背面加注说明。然后在野外用普通测量的方法计算出四个控制点的地面测量坐标并转化为地面摄影测量坐标 X，Y，Z。

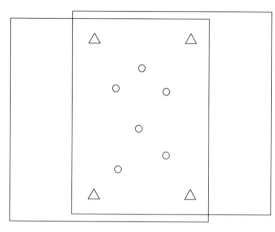

△ 表示平高控制点

○ 表示地面所求点

图 5.5　立体像对的控制点与待求点

（二）量测像点坐标

将立体像对放在立体坐标量测仪上分别进行定向归心后，测出四个控制点及所求待求点的像点坐标 (x_1, y_1) 和 (x_2, y_2)。

（三）空间后方交会计算两像片的外方位元素

根据计算机中事先编好的程序，按要求输入控制点的地面坐标及相应的像点坐标，对两张像片各自进行空间后方交会，计算各自的 6 个外方位元素 X_{S_1}，Y_{S_1}，Z_{S_1}，φ_1，ω_1，κ_1，X_{S_2}，Y_{S_2}，Z_{S_2}，φ_2，ω_2，κ_2。

（四）空间前方交会计算待定点地面坐标

用各像片的外方位元素计算左、右像片的方向余弦值，组成旋转矩阵 $\boldsymbol{R}_1$ 和 $\boldsymbol{R}_2$；逐点计算像点的像空间辅助坐标 (u_1, v_1, w_1) 及 (u_2, v_2, w_2)；根据外方位元素计算基线分量 B_u，B_v，B_w；计算点投影系数 N_1，N_2；计算待定点在各自的相空间辅助坐标系中的坐标 (U_1, V_1, W_1) 及 (U_2, V_2, W_2)；最后计算待定点的地面摄影测量坐标 (X, Y, Z)。

第 4 节　立体像对的相对定向与相对定向元素

一、立体像对的相对定向元素

确定一个立体像对两像片的相对位置称为相对定向，它用于建立立体模型。完成相对定向的唯一标准就是两像片上同名像点的投影光线对对相交。所有同名像点的投影光线焦点的集合构成了地面几何模型。确定两像片相对位置关系的元素称为相对定向元素。

确定两像片的相对位置，并不顾及它们的绝对位置。一般确定两像片相对位置关系的方法有两种：其一是将左像片置平或将其位置固定不变，称为连续像对相对定向系统；其二是将摄影基线固定水平，称为独立像对相对定向系统。这两种系统选取了不同的像空间辅助坐标系，因此有不同的相对定向元素。

二、连续像对的相对定向元素

若将左片置平，以左片的像空间坐标系作为本像对的像空间辅助坐标系（或以左方像片为基准或左像片的外方位元素已知），这样的像对为连续像对。如图 5.6（a）所示，S_1-$U_1V_1W_1$ 为本像对的像空间辅助坐标系，此时 S_1 在该坐标系中的坐标为 $U_{S_1} = V_{S_1} = W_{S_1} = 0$；像片的三个角元素亦为零，即 $\varphi_1 = \omega_1 = \kappa_1 = 0$。而右像片中，$S_2$ 在 S_1-$U_1V_1W_1$ 中的坐标为 $U_{S_2} = b_u$，$V_{S_2} = b_v$，$W_{S_2} = b_w$，三个角元素为 φ_2，ω_2，κ_2，其中 b_u，b_v，b_w 也称基线分量（模型上的）。在上述的 6 个元素 b_u，b_v，b_w 及 φ_2，ω_2，κ_2 中，因 b_u 只影响相对定向后模型的大小而并不影响模型的建立，因此，称 b_v，b_w，φ_2，ω_2，κ_2 为连续相对定向的 5 个相对定向元素，只要恢复了立体像对这 5 个元素，就确立了像片对的相对位置，完成了相对定向，从而建立与地面相似的几何模型。

三、单独像对的相对定向元素

若将摄影基线置水平，像空间辅助坐标系选取 S_1 为坐标原点，基线 B 作为 U 轴，垂直于左核面的轴为 V 轴构成右手平面直角坐标系 S_1-$U_1V_1W_1$，这样的像对为单独像对，如图 5.6（b）所示。此时对左像片，3 个线元素为 $U_{S_1} = V_{S_1} = W_{S_1} = 0$，因左光轴在 S_1-U_1W_1 内，3 个角元素为 $\omega_1 = 0, \varphi_1, \kappa_1$；对右像片，3 个线元素为 $U_{S_2} = b_u = b$，$V_{S_2} = b_v = 0$，$W_{S_2} = b_w = 0$，3 个角元素为 φ_2，ω_2，κ_2。上述的 6 个元素 b，φ_1，κ_1，φ_2，ω_2，κ_2 中，b 只涉及模型的比例尺，即影响影像模型的大小而不影响重建模型，因此，称 φ_1，κ_1，φ_2，ω_2，κ_2 为单独像对的相对定向五元素。同样，一旦恢复了这 5 个元素，就完成了像对的相对定向。

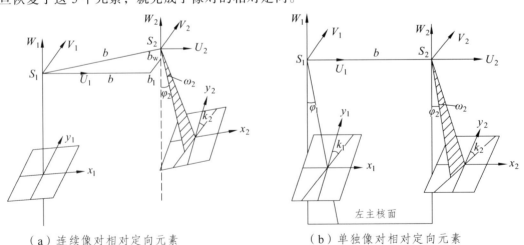

（a）连续像对相对定向元素　　　　　　（b）单独像对相对定向元素

图 5.6　立体像对的相对定向元素

第 5 节　立体像对解析法相对定向

一、解析法相对定向的概念

通过前面章节的学习，了解到像对相对定向的目的就是使同名射线对对相交，建立地面立体模型。

无论是模拟法相对定向还是解析法相对定向，同名射线对对相交是相对定向的理论基础。所谓同名射线对对相交，其实质是恢复了核面，即同名射线与基线共面。因此，模拟法相对定向时，利用投影器的运动，使同名射线对对相交，建立起与地面相似的几何模型。而解析法相对定向是通过恢复核面，需要从共面条件式出发解求 5 个相对定向元素，才能建立地面立体模型。

二、解析法相对定向的共面条件

如图 5.7 所示，S_1a_1 和 S_2a_2 是一对同名射线，其矢量用 $\overrightarrow{S_1a_1}$ 和 $\overrightarrow{S_2a_2}$ 表示，摄影基线矢量用 $\vec{B}$ 表示。同名射线对对相交，表明射线 S_1a_1，S_2a_2 及摄影基线 B 位于同一平面内，亦即三矢量 $\overrightarrow{S_1a_1}$，$\overrightarrow{S_1a_1}$，$\vec{B}$ 共面。根据矢量代数，三矢量共面，它们的混合积等于零，即

$$\vec{B} \cdot (\overrightarrow{S_1a_1} \times \overrightarrow{S_2a_2}) = 0 \tag{5.15}$$

式（5.15）为共面条件方程，其值为零的条件是完成相对定向的标准。

由于立体像对选取的像空间辅助坐标系不同，有连续像对和单独像对，下面将分别推导解析法相对定向时，上述两种像对相对定向元素解求的关系式。

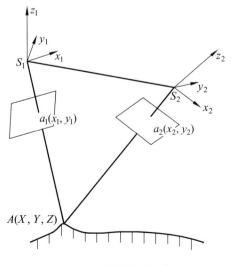

图 5.7　同名射线对对相交

三、解求相对定向元素的关系式

（一）连续像对相对定向元素解求式

连续像对相对定向是以左方像片为基准，求出右方像片相对于左方像片的相对方位元素 b_v、b_w、φ_2、ω_2、κ_2。

如图 5.8 所示，将左片置平，以左片的像空间坐标系为本像对的像空间辅助坐标系 $S_1 \text{-} u_1 v_1 w_1$，以 S_2 为原点的右片像空间辅助坐标系为 $S_2 \text{-} u_2 v_2 w_2$，两者相应坐标轴系平行，且 a_1 和 a_2 在各自的像空间辅助坐标系的坐标分别为 (u_1, v_1, w_1) 和 (u_2, v_2, w_2)，S_2 在 $S_1 \text{-} u_1 v_1 w_1$ 中的坐标为 b_u、b_v、b_w，则共面条件的坐标表达式为

$$F = \begin{vmatrix} b_u & b_v & b_w \\ u_1 & v_1 & w_1 \\ u_2 & v_2 & w_2 \end{vmatrix} = 0 \tag{5.16}$$

式中

$$\begin{bmatrix} u_1 \\ v_1 \\ w_1 \end{bmatrix} = \begin{bmatrix} x_1 \\ y_1 \\ -f \end{bmatrix}, \quad \begin{bmatrix} u_2 \\ v_2 \\ w_2 \end{bmatrix} = R_2 \begin{bmatrix} x_2 \\ y_2 \\ -f \end{bmatrix}$$

其中，R_2 是右像片相对于像空间辅助坐标系的 3 个角元素 φ_2、ω_2、κ_2 的函数。由于 b_u 只涉及模型的比例尺，因此式（5.16）含有 5 个相对定向元素 b_v、b_w、φ_2、ω_2、κ_2。为了与角元素统一，常将 b_v、b_w 化为角度来表示，如图 5.9 所示。

由图 5.9 可以看出：

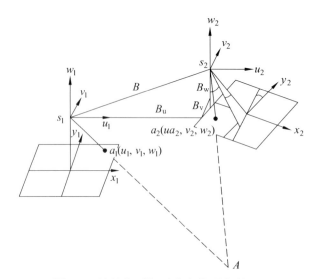

图 5.8　连续像对相对定向共面条件

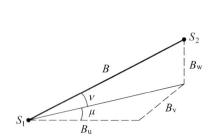

图 5.9　基线分量的角度表示

$$b_v = b_u \tan\mu \approx b_u\mu$$
$$b_w = \frac{b_u}{\cos\mu} \tan\nu \approx b_u\nu \Bigg\}$$

$$(5.17)$$

式（5.17）为取一次小值的近似值。将式（5.17）代入式（5.16），得

$$F = b_u \begin{vmatrix} 1 & \mu & \nu \\ u_1 & v_1 & w_1 \\ u_2 & v_2 & w_2 \end{vmatrix} = 0$$

$$(5.18)$$

式（5.18）是非线性函数，使之线性化需按泰勒级数展开，取一次小值项：

$$F = F_0 + \frac{\partial F}{\partial \mu}\mathrm{d}\mu + \frac{\partial F}{\partial \nu}\mathrm{d}\nu + \frac{\partial F}{\partial \varphi_2}\mathrm{d}\varphi_2 + \frac{\partial F}{\partial \omega_2}\mathrm{d}\omega_2 + \frac{\partial F}{\partial \kappa_2}\mathrm{d}\kappa_2$$

$$(5.19)$$

式中，F_0 为用未知数（相对定向元素）的近似值及给定的 b_u 代入（5.18）式计算出函数的近似值。$\mathrm{d}\mu$，$\mathrm{d}\nu$，$\mathrm{d}\varphi_2$，$\mathrm{d}\omega_2$，$\mathrm{d}\kappa_2$ 是相对定向元素近似值的改正数，是待定值。由于在线性化的过程中仅考虑一次小值项，所以坐标变换关系式中的旋转矩阵可用一次项来表示，以便推演式（5.19）中的各偏导数，即

$$\begin{bmatrix} u_2 \\ v_2 \\ w_2 \end{bmatrix} = \begin{bmatrix} 1 & -\kappa_2 & -\varphi_2 \\ \kappa_2 & 1 & -\omega_2 \\ \varphi_2 & \omega_2 & 1 \end{bmatrix} \begin{bmatrix} x_2 \\ y_2 \\ -f \end{bmatrix}$$

上式分别对 φ_2，ω_2，κ_2 求偏导数，得

$$\frac{\partial}{\partial \varphi_2} \begin{bmatrix} u_2 \\ v_2 \\ w_2 \end{bmatrix} = \begin{bmatrix} 0 & 0 & -1 \\ 0 & 0 & 0 \\ 1 & 0 & 0 \end{bmatrix} \begin{bmatrix} x_2 \\ y_2 \\ -f \end{bmatrix} = \begin{bmatrix} f \\ 0 \\ x_2 \end{bmatrix}$$

$$\frac{\partial}{\partial \omega_2} \begin{bmatrix} u_2 \\ v_2 \\ w_2 \end{bmatrix} = \begin{bmatrix} 0 & 0 & 0 \\ 0 & 0 & -1 \\ 0 & 1 & 0 \end{bmatrix} \begin{bmatrix} x_2 \\ y_2 \\ -f \end{bmatrix} = \begin{bmatrix} 0 \\ f \\ y_2 \end{bmatrix}$$

$$\frac{\partial}{\partial \kappa_2} \begin{bmatrix} u_2 \\ v_2 \\ w_2 \end{bmatrix} = \begin{bmatrix} 0 & -1 & 0 \\ 1 & 0 & 0 \\ 0 & 0 & 0 \end{bmatrix} \begin{bmatrix} x_2 \\ y_2 \\ -f \end{bmatrix} = \begin{bmatrix} -y_2 \\ x_2 \\ 0 \end{bmatrix}$$

由上式可得出式（5.19）中 5 个未知数的系数为

$$\frac{\partial F}{\partial \varphi_2} = b_u \begin{vmatrix} 1 & \mu & \nu \\ u_1 & v_1 & w_1 \\ \partial u_2/\partial \varphi_2 & \partial v_2/\partial \varphi_2 & \partial w_2/\partial \varphi_2 \end{vmatrix} = b_u \begin{vmatrix} 1 & \mu & \nu \\ u_1 & v_1 & w_1 \\ f & 0 & x_2 \end{vmatrix}$$

$$\frac{\partial F}{\partial \omega_2} = b_u \begin{vmatrix} 1 & \mu & \nu \\ u_1 & v_1 & w_1 \\ \partial u_2/\partial \omega_2 & \partial v_2/\partial \omega_2 & \partial w_2/\partial \omega_2 \end{vmatrix} = b_u \begin{vmatrix} 1 & \mu & \nu \\ u_1 & v_1 & w_1 \\ 0 & f & y_2 \end{vmatrix}$$

$$\frac{\partial F}{\partial \kappa_2} = b_u \begin{vmatrix} 1 & \mu & \nu \\ u_1 & v_1 & w_1 \\ \partial u_2/\partial \kappa_2 & \partial v_2/\partial \kappa_2 & \partial w_2/\partial \kappa_2 \end{vmatrix} = b_u \begin{vmatrix} 1 & \mu & \nu \\ u_1 & v_1 & w_1 \\ -y_2 & x_2 & 0 \end{vmatrix}$$

$$\frac{\partial F}{\partial \mu} = b_u \begin{vmatrix} 0 & 1 & 0 \\ u_1 & v_1 & w_1 \\ u_2 & v_2 & w_2 \end{vmatrix} = b_u \begin{vmatrix} w_1 & u_1 \\ w_2 & u_2 \end{vmatrix}$$

$$\frac{\partial F}{\partial \nu} = b_u \begin{vmatrix} u_1 & v_1 \\ u_2 & v_2 \end{vmatrix}$$

将上述 5 个偏导数代入（5.19）式得

$$b_u \begin{vmatrix} 1 & \mu & \nu \\ u_1 & v_1 & w_1 \\ f & 0 & x_2 \end{vmatrix} d\varphi_2 + b_u \begin{vmatrix} 1 & \mu & \nu \\ u_1 & v_1 & w_1 \\ 0 & f & y_2 \end{vmatrix} d\omega_2 + b_u \begin{vmatrix} 1 & \mu & \nu \\ u_1 & v_1 & w_1 \\ -y_2 & x_2 & 0 \end{vmatrix} d\kappa_2 +$$

$$b_u \begin{vmatrix} w_1 & u_1 \\ w_2 & u_2 \end{vmatrix} d\mu + b_u \begin{vmatrix} u_1 & v_1 \\ u_2 & v_2 \end{vmatrix} d\nu + F_0 = 0$$

展开并在等式两边分别除以 b_u，略去二次以上小项，整理后得

$$v_1 x_2 d\varphi_2 + (v_1 y_2 - w_1 f) d\omega_2 - x_2 w_1 d\kappa_2 + (w_1 u_2 - u_1 w_2) d\mu + (u_1 v_2 - u_2 v_1) d\nu + \frac{F_0}{b_u} = 0$$

（5.20）

在仅考虑到一次小值项的情况下，式（5.20）中的 x_2，y_2 可用像空间辅助坐标系 u_2，v_2 取代，并近似地认为

$$\left. \begin{aligned} v_1 &= v_2 \\ w_1 &= w_2 \\ w_1 u_2 - u_1 w_2 &= -\frac{b_u}{N_2} w_1 \\ u_1 v_2 - u_2 v_1 &= \frac{b_u}{N_2} v_1 \end{aligned} \right\}$$

（5.21）

式中，N_2 是右像片像点 a_2 变为模型 A 时的投影系数。

将式（5.21）代入式（5.20），并用 $\frac{N_2}{\omega_1}$ 乘以全式，且令 $Q = \frac{F_0 N_2}{b_u w_1}$，得

$$Q = -\frac{u_2 v_2}{w_2} N_2 d\varphi_2 - \left(w_2 + \frac{v_2^2}{w_2} \right) N_2 d\omega_2 + u_2 N_2 d\kappa_2 + b_u d\mu - \frac{v_2}{w_2} b_u d\nu$$

（5.22）

$$Q = \frac{F_0 N_2}{b_u w_1} = \frac{\begin{vmatrix} b_u & b_v & b_w \\ u_1 & v_1 & w_1 \\ u_2 & v_2 & w_2 \end{vmatrix}}{u_1 w_2 - u_2 w_1}$$

式中
$$= \frac{b_u w_2 - b_w u_2}{u_1 w_2 - u_2 w_1} v_1 - \frac{b_u w_1 - b_w u_1}{u_1 w_2 - u_2 w_1} v_2 - b_v \qquad (5.23)$$

$$= N_1 v_1 - N_2 v_2 - b_v$$

其中，N_1 是右像片像点 a_1 变为模型 A 时的投影系数。

由式（5.23）可以看出，Q 的几何意义仍表明同名光线没有与基线共面，致使模型点在 V 方向产生上下视差 Q。

式（5.22）及式（5.23）是连续像对相对定向的作业公式。在立体像对中每量测一对同名像点的像点坐标 (x_1, y_1) 及 (x_2, y_2)，就可以列出一个关于 Q 的方程式。由于式（5.22）有 5 个未知数，因此至少量测 5 对同名像点。当有多余观测时，将 Q 视为观测值，由式（5.22）得误差方程式：

$$v_Q = -\frac{u_2 v_2}{w_2} N_2 \mathrm{d}\varphi_2 - \left(w_2 + \frac{v_2^2}{w_2}\right) N_2 \mathrm{d}\omega_2 + u_2 N_2 \mathrm{d}\kappa_2 + b_u \mathrm{d}\mu - \frac{v_2}{w_2} b_u \mathrm{d}\nu - Q$$

$$(5.24\,\mathrm{a})$$

若误差方程式系数及常数项用符号表示为

$$a = -\frac{u_2 v_2}{w_2} N_2,\ b = -\left(w_2 + \frac{v_2^2}{w_2}\right) N_2,\ c = u_2 N_2,\ d = b_u,\ e = -\frac{v_2}{w_2} b_u,\ Q = l$$

则误差方程式用矩阵表示为

$$\boldsymbol{v}_Q = \begin{bmatrix} a & b & c & d & e \end{bmatrix} \begin{bmatrix} \mathrm{d}\varphi_2 \\ \mathrm{d}\omega_2 \\ \mathrm{d}\kappa_2 \\ \mathrm{d}\mu \\ \mathrm{d}\nu \end{bmatrix} - l \qquad (5.24\mathrm{b})$$

其总误差方程式用矩阵表示为

$$\boldsymbol{V} = \boldsymbol{AX} - \boldsymbol{L} \qquad (5.25)$$

其中

$$\boldsymbol{V} = \begin{bmatrix} v_{Q_1} & v_{Q_2} & \cdots & v_{Q_n} \end{bmatrix}^{\mathrm{T}}$$

$$\boldsymbol{A} = \begin{bmatrix} a_1 & b_1 & c_1 & d_1 & e_1 \\ \vdots & \vdots & \vdots & \vdots & \vdots \\ a_n & b_n & c_n & d_n & e_n \end{bmatrix}$$

$$\boldsymbol{X} = \begin{bmatrix} \mathrm{d}\phi_2 & \mathrm{d}\omega_2 & \mathrm{d}\kappa_2 & \mathrm{d}\mu & \mathrm{d}\nu \end{bmatrix}^{\mathrm{T}}$$

$$\boldsymbol{L} = \begin{bmatrix} l_1 & l_2 & \cdots & l_n \end{bmatrix}^{\mathrm{T}}$$

相应法方程为

$$A^{T}AX = A^{T}L \tag{5.26}$$

未知数的向量解为

$$X = (A^{T}A)^{-1}A^{T}L \tag{5.27}$$

由于误差方程式是共面条件的严密式经线性化后的结果，所以相对定向元素的解也需要逐步趋近的迭代过程。实际计算中，通常认为当所有改正数小于限制 0.3×10^{-4} 弧度时迭代计算终止。

（二）单独像对相对定向元素解求式

单独像对是以基线作为 u 轴，左主核面为 u-w 平面，建立像空间辅助坐标系 S_{1}-$U_{1}V_{1}W_{1}$ 及 S_{2}-$U_{2}V_{2}W_{2}$。像点 a_{1}，a_{2} 在各自的像空间辅助坐标系的坐标分别为 (u_{1}, v_{1}, w_{1}) 及 (u_{2}, v_{2}, w_{2})，则共面条件的坐标表达为

$$F = \begin{vmatrix} b & 0 & 0 \\ u_{1} & v_{1} & w_{1} \\ u_{2} & v_{2} & w_{2} \end{vmatrix} = b\begin{vmatrix} v_{1} & w_{1} \\ v_{2} & w_{2} \end{vmatrix} = 0 \tag{f}$$

由于单独像对的相对定向元素为 φ_{1}，κ_{1}，φ_{2}，ω_{2}，κ_{2}，所以（f）式中 v_{1}、w_{1} 是 φ_{1}，κ_{1} 的函数，v_{2}，w_{2} 是 φ_{2}，ω_{2}，κ_{2} 的函数。按与连续像对相同的推演方法，对（f）式线性化，仅考虑一次最小项，像点坐标用像空间辅助坐标取代，令 $w_{1} - w_{2} = -f$，得单独像对相对定向的误差方程式为

$$v_{Q} = \frac{u_{1}v_{2}}{w_{2}}d\varphi_{1} - \frac{u_{2}v_{1}}{w_{1}}d\varphi_{2} + f\left(1 + \frac{v_{1}v_{2}}{w_{1}w_{2}}\right)d\omega_{2} + \frac{u_{1}}{w_{1}}d\kappa_{1} - \frac{u_{2}}{w_{2}}d\kappa_{2} - Q \tag{5.28}$$

其中
$$Q = -f\frac{v_{1}}{w_{1}} + f\frac{v_{2}}{w_{2}} \tag{5.29}$$

式（5.28）包含有 5 个相对定向元素的改正数。对每对同名像点，根据定向元素的近似值及像点坐标，按照（5.28）式和（5.29）式可列出一个误差方程。当有多余观测值时，按最小二乘原理解求。当然，解求过程仍然是逐步趋近的迭代过程，直到满足精度为止。

四、相对定向元素的解算过程

摄影测量中，相对定向常采用如图 5.10 所示的 6 个标准点位来解求。定向点为 6 个标准

点位上的同名像点（明显点）。1、2 点：左、右片的像主点；3、5 点：$X=0$，Y 值最大；4、6 点：$X=b$，Y 值最大。

利用 6 对定向点的像点坐标 $(x_1,y_1)_i$ 及 $(x_2,y_2)_i$（$i=1,2,3,\cdots,6$），若是连续定向，按式（5.23）和式（5.24）可列出一个误差方程，按照式（5.26）组成法方程，由（5.27）式解求相对定向元素近似值的改正数。整个计算应在预先编制好的程序控制下完成，计算过程迭代趋近，直到满足改正数限差。图 5.11 为连续像对相对定向元素计算流程图。

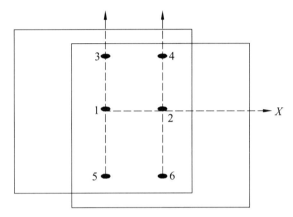

图 5.10　相对定向标准点位

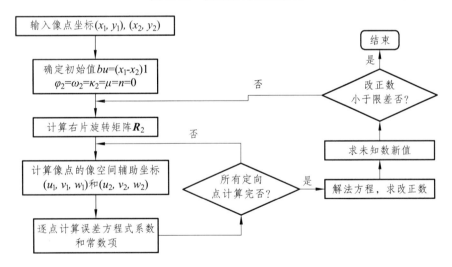

图 5.11　像对相对定向元素计算流程图（以连续像对的相对定向为例）

五、模型坐标的解求

计算出相对定向元素以后，可按前述的前方交会法计算模型点在像空间辅助坐标系中的坐标。若模型点在像空间辅助坐标系 S_1-$U_1V_1W_1$ 中的坐标为 (U,V,W)，其计算过程为：

（1）根据相对定向元素计算像点的像空间辅助坐标(u_1, v_1, w_1)及(u_2, v_2, w_2)。

（2）计算左、右像点的投影系数N_1，N_2。

（3）计算模型点在像空间辅助坐标系的坐标为

$$\left.\begin{array}{l} U = N_1 u_1 = b_u + N_2 u_2 \\ V = N_1 v_1 = b_v + N_2 v_2 \\ W = N_1 w_1 = b_w + N_2 w_2 \end{array}\right\} \tag{5.30}$$

用于单独像对时，则

$$\left.\begin{array}{l} U = N_1 u_1 = b + N_2 u_2 \\ V = N_1 v_1 = N_2 v_2 \\ W = N_1 w_1 = N_2 w_2 \end{array}\right\} \tag{5.31}$$

实际计算中，将获得的模型点在像空间辅助坐标系的坐标再乘以摄影比例尺的分母，其模型放大成约为实地后，再进行绝对定向。

六、立体像对的绝对定向与绝对定向元素

立体像对经相对定向后，已经形成与实地相似的几何模型，如图 5.12（a）所示。但该模型是在选定的像片对的像空间辅助坐标系 S-UVW 中，模型的大小和空间方位都是任意的。绝对定向就是借助已知的地面控制点，对如图 5.12（a）所示的模型进行平移、旋转和缩放，使其变为如图 5.12（b）所示的地面模型，并纳入到地面摄影测量坐标系 D-XYZ 中。

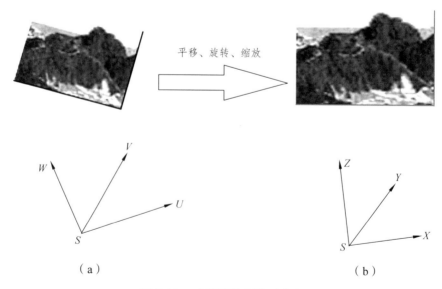

图 5.12　对模型进行绝对定向

这两种坐标系间的变换在数学上是一个不同原点的三维空间相似变换，其公式为

$$\begin{bmatrix} X \\ Y \\ Z \end{bmatrix} = \lambda \begin{bmatrix} a_1 & a_2 & a_3 \\ b_1 & b_2 & b_3 \\ c_1 & c_2 & c_3 \end{bmatrix} \begin{bmatrix} U \\ V \\ W \end{bmatrix} + \begin{bmatrix} X_S \\ Y_S \\ Z_S \end{bmatrix} \tag{5.32}$$

式中：(X,Y,Z) 为模型点的地面摄影测量坐标；U,V,W 为同一模型点在像空间辅助坐标系的坐标；λ 为模型缩放比例因子；$a_1,a_2,\cdots,c_3$ 为两个坐标轴系 3 个转角 Φ,Ω,K 公式计算出的方向余弦，(X_S,Y_S,Z_S) 为坐标原点的平移量，称 7 个参数 $X_S,Y_S,Z_S,\lambda,\Phi,\Omega,K$ 为模型的绝对定向元素，即确定相对定向所建立的模型空间方位的元素。绝对定向的任务就是借助地面控制点，恢复或计算这 7 个元素。

第 6 节　立体模型的解析法绝对定向

一、解析法绝对定向的概念

像对的相对定向仅仅是恢复了摄影时像片之间的相对位置，所建立的立体模型相对于地面的绝对位置并没有恢复，因而模型点坐标是相对于像空间辅助坐标系的。要求出模型在地面坐标系中的绝对位置，就要把模型点在像空间辅助坐标系的坐标转化为地面坐标、这项作业称之为模型的绝对定向，是根据地面控制点进行的。

在绝对定向的过程中，需要把模型点在像空间辅助坐标系中的坐标转化成地面摄影测量坐标 (X,Y,Z)，并按式（5.32）进行计算。该式为绝对定向的基本关系式。由于这种变换前后图形的几何形状相似，所以又称为空间相似变换。式中包含 7 个绝对定向元素，即 X_s，Y_s，Z_s，λ，Φ，Ω，K。

解析法绝对定向，就是利用已知地面控制点进行的，从绝对定向的关系式出发，解求 7 个绝对定向元素的过程。

二、绝对定向公式的线性化及绝对定向元素的解算

利用地面控制点解求绝对定向元素时，控制点的地面摄影测量坐标 (X,Y,Z) 均为已知值，模型的像空间辅助坐标 (U,V,W) 为计算值，式中只有 7 个绝对定向元素是未知数。因绝对定向公式是一个多元非线性函数，为使其线性化，引入 7 个绝对元素的初始值及改正数：

$$\left.\begin{aligned}
X_S &= X_{S_0} + \mathrm{d}X_S \\
Y_S &= Y_{S_0} + \mathrm{d}Y_S \\
Z_S &= Z_{S_0} + \mathrm{d}Z_S \\
\lambda &= \lambda_0 + \mathrm{d}\lambda \\
\varPhi &= \varPhi_0 + \mathrm{d}\varPhi \\
\varOmega &= \varOmega_0 + \mathrm{d}\varOmega \\
K &= K_0 + \mathrm{d}K
\end{aligned}\right\} \tag{5.33}$$

将式（5.33）代入式（5.32），按泰勒级数展开，取一次项得

$$F = F_0 + \frac{\partial F}{\partial \lambda}\mathrm{d}\lambda + \frac{\partial F}{\partial \varPhi}\mathrm{d}\varPhi + \frac{\partial F}{\partial \varOmega}\mathrm{d}\varOmega + \frac{\partial F}{\partial \kappa}\mathrm{d}\kappa + \frac{\partial F}{\partial X_S}\mathrm{d}X_S + \frac{\partial F}{\partial Y_S}\mathrm{d}Y + \frac{\partial F}{\partial Z_S}\mathrm{d}Z_S \tag{5.34}$$

式中，F_0 是用绝对定向元素的近似值代入式（5.32）求得的近似值。

在考虑小角的情况下，（5.32）式的近似式可表示为

$$\begin{bmatrix} X \\ Y \\ Z \end{bmatrix} = \lambda \begin{bmatrix} 1 & -K & -\varPhi \\ K & 1 & -\varOmega \\ \varPhi & \varOmega & 1 \end{bmatrix} \begin{bmatrix} U \\ V \\ W \end{bmatrix} + \begin{bmatrix} X_S \\ Y_S \\ Z_S \end{bmatrix}$$

对上式微分后代入式（5.34），取小值一次项得

$$\begin{bmatrix} X \\ Y \\ Z \end{bmatrix} = \lambda_0 R_0 \begin{bmatrix} U \\ V \\ W \end{bmatrix} + \begin{bmatrix} X_{S_0} \\ Y_{S_0} \\ Z_{S_0} \end{bmatrix} + \lambda_0 \begin{bmatrix} \mathrm{d}\lambda & -\mathrm{d}K & -\mathrm{d}\varPhi \\ \mathrm{d}K & \mathrm{d}\lambda & -\mathrm{d}\varOmega \\ \mathrm{d}\varPhi & \mathrm{d}\varOmega & \mathrm{d}\lambda \end{bmatrix} \begin{bmatrix} U \\ V \\ W \end{bmatrix} + \begin{bmatrix} \mathrm{d}X_S \\ \mathrm{d}Y_S \\ \mathrm{d}Z_S \end{bmatrix} \tag{5.35}$$

式（5.35）含有 7 个未知数，至少需要列出 7 个方程，因此，至少需要 2 个平高控制点和一个高程点，而且三个控制点不能在一条直线上。生产中，一般是在模型四个角布设 4 个控制点。当有多余观测时，应按最小二乘法平差求解。将式（5.35）中模型的像空间辅助坐标 (U, V, W) 视为观测值，其改正数为 v_u, v_v, v_w，写成误差方程式形式，得

$$-\begin{bmatrix} v_u \\ v_v \\ v_w \end{bmatrix} = \begin{bmatrix} 1 & 0 & 0 & U & -W & 0 & -V \\ 0 & 1 & 0 & V & 0 & -W & U \\ 0 & 0 & 1 & W & U & V & 0 \end{bmatrix} \begin{bmatrix} \mathrm{d}X_S \\ \mathrm{d}Y_S \\ \mathrm{d}Z_S \\ \mathrm{d}\lambda \\ \mathrm{d}\varPhi \\ \mathrm{d}\varOmega \\ \mathrm{d}K \end{bmatrix} - \begin{bmatrix} l_u \\ l_v \\ l_w \end{bmatrix} \tag{5.36}$$

式中

$$\begin{bmatrix} l_u \\ l_v \\ l_w \end{bmatrix} = \begin{bmatrix} X \\ Y \\ Z \end{bmatrix} - \lambda_0 R_0 \begin{bmatrix} U \\ V \\ W \end{bmatrix} - \begin{bmatrix} X_{S_0} \\ Y_{S_0} \\ Z_{S_0} \end{bmatrix} \tag{5.37}$$

三、实际计算中要解决的问题

（一）将地面坐标转换为地面摄影测量坐标

控制点的地面坐标一般是按全国统一的地面坐标系给予的，属于左手系，东西向为 Y_t 轴，南北向为 X_t 轴，Z_t 轴垂直于水平面。而像空间辅助坐标系是取航线方向为 U 轴，属右手系。为使模型绝对定向时的旋角 κ 接近于小值，需要将控制点的地面坐标转换到地面参考坐标系，即坐标系采用右手系，坐标原点平移到测区附近或测区左端某地面控制点上，轴 X 应与航线方向像空间辅助坐标系的 U 轴大致一致。

设地面坐标系 $T-X_tY_tZ_t$ 为左手系，如图 5.13 所示。现建立地面参考坐标系，将坐标原点 T 在 X_tY_t 平面内平移 X_{t0}，Y_{t0} 值到 G，X_t 轴和 Y_t 轴进行反射变换成为右手系，再在 X_t，Y_t 平面内旋转 θ 角（逆时针方向为正），最后轴系单位长度变换是乘以比例因子 λ。因而地面坐标系中任一地面控制点转换到地面参考坐标系 $G\text{-}XYZ$ 中的坐标值为

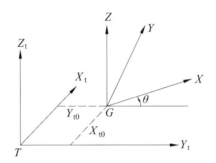

图 5.13　地面坐标系转换

$$\begin{bmatrix} X \\ Y \\ Z \end{bmatrix} = \lambda \begin{bmatrix} \sin\theta & \cos\theta & 0 \\ \cos\theta & -\sin\theta & 0 \\ 0 & 0 & 1 \end{bmatrix} \begin{bmatrix} X_t - X_{t0} \\ Y_t - Y_{t0} \\ Z_t \end{bmatrix} \tag{5.38a}$$

式（5.38a）中的系数矩阵的行列式等于 -1，为非正常正交矩阵，是旋转与反射的乘积，而且这里的 $\boldsymbol{R}^{\mathrm{T}} = \boldsymbol{R}^{-1}$。

将 $a = \lambda\sin\theta$，$b = \lambda\cos\theta$ 及 $\lambda = \sqrt{a^2 + b^2}$ 代入式（5.38a）得

$$\begin{bmatrix} X \\ Y \\ Z \end{bmatrix} = \begin{bmatrix} a & b & 0 \\ b & -a & 0 \\ 0 & 0 & \lambda \end{bmatrix} \begin{bmatrix} X_t - X_{t0} \\ Y_t - Y_{t0} \\ Z_t \end{bmatrix} \tag{5.38b}$$

设在模型左、右两端有地面控制点 A 和 B，其地面坐标相应为 X_{tA}、Y_{tA}、Z_{tA} 和 X_{tB}、Y_{tB}、Z_{tB}，则其地面参考坐标为

$$X_A = a(X_{tA} - X_{t0}) + b(Y_{tA} - Y_{t0})$$
$$Y_A = b(X_{tA} - X_{t0}) - a(Y_{tA} - Y_{t0})$$
$$Z_A = \lambda Z_{tA}$$

$$X_B = a(X_{tB} - X_{t0}) + b(Y_{tB} - Y_{t0})$$
$$Y_B = b(X_{tB} - X_{t0}) - a(Y_{tB} - Y_{t0})$$
$$Z_B = \lambda Z_{tB}$$

两两相减得

$$\left. \begin{array}{l} \Delta X = a\Delta X_t + b\Delta Y_t \\ \Delta Y = b\Delta X_t - a\Delta Y_t \end{array} \right\} \tag{5.39}$$

式中 $\qquad \Delta X = X_B - X_A$; $\quad \Delta Y = Y_B - Y_A$;

$\qquad \Delta X_t = X_{tB} - X_{tA}$; $\quad \Delta Y_t = Y_{tB} - Y_{tA}$

若该地面控制点 B 和 A 的模型点坐标为 U_B，V_B，W_B 和 U_A，V_A，W_A，为了使模型在绝对定向中的旋角 κ 接近于零，也就是使地面参考坐标系的 X 轴与像空间辅助坐标系的 u 轴相一致，以及两坐标系单位长度相同，即地面点 A 和 B 在地面参考坐标系中的坐标值等于相应模型点在像空间辅助坐标系中的坐标值，则取

$$\Delta X = \Delta U \ , \quad \Delta Y = \Delta V \ , \quad (\Delta U = U_B - U_A, \ \Delta V = V_B - V_A)$$

代入式（5.39）并联立求解得

$$\left. \begin{array}{l} a = \dfrac{\Delta U \cdot \Delta X_t - \Delta V \cdot \Delta Y_t}{\Delta X_t^2 + \Delta Y_t^2} \\[3mm] b = \dfrac{\Delta U \cdot \Delta Y_t + \Delta V \cdot \Delta X_t}{\Delta X_t^2 + \Delta Y_t^2} \\[3mm] \lambda = \sqrt{a^2 + b^2} = \sqrt{\dfrac{\Delta U^2 + \Delta V^2}{\Delta X_t^2 + \Delta Y_t^2}} \end{array} \right\} \tag{5.40}$$

用式（5.40）求出系数 a，b 和 λ 后，就可根据式（5.38 b）将控制点地面坐标换算成在地面参考坐标系中的坐标值，作为模型绝对定向的依据。

在模型绝对定向后，所得的加密点坐标是依附于地面参考坐标系的，最后还应反算到地面坐标系中。由于正交矩阵的 $\boldsymbol{R}^\mathrm{T} = \boldsymbol{R}^{-1}$，从式（5.38 a）、（5.38 b）则得

$$\begin{bmatrix} X_t \\ Y_t \\ Z_t \end{bmatrix} = \frac{1}{\lambda^2} \begin{bmatrix} a & b & 0 \\ b & -a & 0 \\ 0 & 0 & 1 \end{bmatrix} \begin{bmatrix} X \\ Y \\ Z \end{bmatrix} + \begin{bmatrix} X_{t0} \\ Y_{t0} \\ 0 \end{bmatrix} \tag{5.41}$$

式（5.38 b）和式（5.41）中地面参考坐标系原点的坐标 X_{t0}，Y_{t0}，可以是某些整数数值，也可以直接取模型左端的一个控制点在 $X_t Y_t$ 平面上的坐标，如取 A 点作为原点，则 $X_{t0} = X_{tA}$ 和 $Y_{t0} = Y_{tA}$。

（二）坐标重心化

实际计算绝对定向元素时，常选模型的重心为坐标原点。将坐标重心化的这种处理方法的好处是：减少模型点坐标在计算过程中的有效位数，以保证计算的精度；使法方程的系数简化，个别项数值变为零，以提高计算速度。

单元模型中全部控制点的空间辅助坐标和地面摄影坐标的重心坐标为

$$X_g = \frac{\sum_1^n X_i}{n}, Y_g = \frac{\sum_1^n Y_i}{n}, Z_g = \frac{\sum_1^n Z_i}{n} \\ U_g = \frac{\sum_1^n U_i}{n}, V_g = \frac{\sum_1^n V_i}{n}, W_g = \frac{\sum_1^n W_i}{n}$$

（5.42）

相应的重心化坐标为

$$\begin{aligned} \overline{X} &= X - X_g \\ \overline{Y} &= Y - Y_g \\ \overline{Z} &= Z - Z_g \\ \overline{U} &= U - U_g \\ \overline{V} &= V - V_g \\ \overline{W} &= W - W_g \end{aligned}$$

（5.43）

将重心化坐标代入绝对定向的基本公式，得

$$\begin{bmatrix} \overline{X} \\ \overline{Y} \\ \overline{Z} \end{bmatrix} = \lambda \boldsymbol{R} \begin{bmatrix} \overline{U} \\ \overline{V} \\ \overline{W} \end{bmatrix} + \begin{bmatrix} \Delta X \\ \Delta Y \\ \Delta Z \end{bmatrix}$$

（5.44）

由此得到用重心化坐标表示的误差方程式为

$$-\begin{bmatrix} v_u \\ v_v \\ v_w \end{bmatrix} = \begin{bmatrix} 1 & 0 & 0 & \overline{U} & -\overline{W} & 0 & -\overline{V} \\ 0 & 1 & 0 & \overline{V} & 0 & -\overline{W} & \overline{U} \\ 0 & 0 & 1 & \overline{W} & \overline{U} & \overline{V} & 0 \end{bmatrix} \begin{bmatrix} \mathrm{d}\Delta X \\ \mathrm{d}\Delta Y \\ \mathrm{d}\Delta Z \\ \mathrm{d}\lambda \\ \mathrm{d}\Phi \\ \mathrm{d}\Omega \\ \mathrm{d}K \end{bmatrix} - \begin{bmatrix} l_u \\ l_v \\ l_w \end{bmatrix}$$

（5.45）

式中

$$\begin{bmatrix} l_u \\ l_v \\ l_w \end{bmatrix} = \begin{bmatrix} \overline{X} \\ \overline{Y} \\ \overline{Z} \end{bmatrix} - \lambda_0 R_0 \begin{bmatrix} \overline{U} \\ \overline{V} \\ \overline{W} \end{bmatrix} - \begin{bmatrix} \Delta X_0 \\ \Delta Y_0 \\ \Delta Z_0 \end{bmatrix}$$

（5.46）

对于每一个平高点，可按式（5.45）和式（5.46）列出一组误差方程式。若有 n 个平高控制点，可列出 n 组误差方程式。经结算后得到初始值的改正数 $\mathrm{d}\Delta X$，$\mathrm{d}\Delta Y$，$\mathrm{d}\Delta Z$，$\mathrm{d}\lambda$，$\mathrm{d}\Phi$，$\mathrm{d}\Omega$，$\mathrm{d}K$，加到初始值上得到新的近似值，将此新的近似值再次作为初始值，重复上述求解过程，如此循环趋近，直到改正数小于规定的限差为止，最终求出绝对定向元素。

绝对定向的具体解算过程归纳为：

（1）确定待定参数的初始值，$\Phi^0 = \Omega^0 = K^0 = 0$，$\lambda^0 = 1$，$\Delta X = \Delta Y = \Delta Z = 0$。

（2）计算控制点的地面摄影测量坐标系重心的坐标和重心化坐标。

（3）计算控制点的空间辅助坐标系重心的坐标和重心化坐标。

（4）计算常数项。

（5）按式（5.44）计算误差方程式系数。

（6）逐点法化及法方程求解。

（7）计算待定参数的新值：

$$\lambda = \lambda_0(1 + d\lambda), \quad \Phi = \Phi^0 + d\Phi$$
$$\Omega = \Omega^0 + d\Omega, \quad K = K^0 + dK$$

（8）判断 $d\Phi$，$d\Omega$，dK 是否小于给定的限值。若大于限值，将求得的所有未知参数的改正数加到近似值。重复上述计算过程，逐步趋近，直到满足要求。

求出绝对定向元素后，可根据待求点的重心化坐标 $(\overline{U}, \overline{V}, \overline{W})$ 按式（5.43）求出待求点的重心化地面摄影测量坐标 $(\overline{X}, \overline{Y}, \overline{Z})$，再加上重心坐标 (X_g, Y_g, Z_g) 后得待求点的地面摄影测量坐标 X, Y, Z。最后将地面摄影测量坐标再转回到地面测量坐标，提交成果。

四、双像解析的相对定向-绝对定向法

立体像对相对定向-绝对定向法解求模型点的地面坐标，其过程为：

（1）用连续像对或单独像对的相对定向元素的误差方程式解求像对的相对定向元素。

（2）由相对定向元素组成左、右像片的旋转矩阵 R_1，R_2，并利用前方交会式求出模型点在像空间辅助坐标系中坐标。

（3）根据已知地面控制点的坐标，按绝对定向元素的误差方程式解求该立体模型的绝对定向元素。

（4）按绝对定向公式，将所有待定点的坐标纳入到地面摄影测量坐标中。

第7节　双像解析的光束法严密解

一个立体像对的解析摄影测量，是以求待定点的地面坐标为主要目的的。例如，空间后方交会-前方交会解法，是利用已知地面控制点，由单像空间后方交会分别解算左、右像片的外方位元素，再用前方交会解求待定点的地面坐标；也可以用相对定向-绝对定向法计算步骤来解求。当然，解求待定点的地面坐标还可以通过另一种途径来完成，即立体像对的光束法。这种方法的实质是把上述两种解法的分步步骤变成一个整体，即每张像片内所有的控制点、未知点都按共线条件式同时列误差方程式，在像对内联合进行解算，同时解求两像片的外方位元素及待定点坐标。这种方法理论较为严密，是一种比较好的解法。

一、立体像对的光束法严密解

这种方法仍以共线方程为基础。已知共线方程为：

$$x = -f \frac{a_1\left(X - X_S\right) + b_1\left(Y - Y_S\right) + c_1\left(Z - Z_S\right)}{a_3\left(X - X_S\right) + b_3\left(Y - Y_S\right) + c_3\left(Z - Z_S\right)} \left.\vphantom{\frac{a}{b}}\right\}$$

$$y = -f \frac{a_2\left(X - X_S\right) + b_2\left(Y - Y_S\right) + c_2\left(Z - Z_S\right)}{a_3\left(X - X_S\right) + b_3\left(Y - Y_S\right) + c_3\left(Z - Z_S\right)}$$

上式展开后，除有 6 个外方位元素为未知数外，待定点的地面摄影测量坐标 X、Y、Z 也是未知数。当同时解求所有未知数的改正数，这时误差方程的一般式为

$$v_x = a_{11}\mathrm{d}X_S + a_{12}\mathrm{d}Y_S + a_{13}\mathrm{d}Z_S + a_{14}\mathrm{d}\varphi + a_{15}\mathrm{d}\omega + a_{16}\mathrm{d}\kappa - a_{11}\mathrm{d}X - a_{12}\mathrm{d}Y - a_{13}\mathrm{d}Z - l_x \left.\vphantom{\frac{a}{b}}\right\}$$

$$v_y = a_{21}\mathrm{d}X_S + a_{22}\mathrm{d}Y_S + a_{23}\mathrm{d}Z_S + a_{24}\mathrm{d}\varphi + a_{25}\mathrm{d}\omega + a_{26}\mathrm{d}\kappa - a_{21}\mathrm{d}X - a_{22}\mathrm{d}Y - a_{23}\mathrm{d}Z - l_y$$

$$(5.47)$$

式中，系数项和常数项按式（5.8）、式（5.9）计算，经推导 $\mathrm{d}X$, $\mathrm{d}Y$, $\mathrm{d}Z$ 的系数与 $\mathrm{d}X_S$, $\mathrm{d}Y_S$, $\mathrm{d}Z_S$ 的系数符号相反。

误差方程式（5.47）中有两类不同性质的待定值：像片的外方位元素改正数和待定点坐标的改正数，前者可用向量 t 表示，后者用向量 X 表示。对任意一个同名像点，无论是控制点还是待定点，在左右像片上都能根据像点坐标列出一组如式（5.47）的误差方程。若 v_1, v_2 分别表示左右像点列出的误差方程式，t_1, t_2 表示左右像片外方位元素组成的列矩阵，X 表示待定点坐标改正数组成的列矩阵，A_1, A_2 分别表示 t_1, t_2 的系数矩阵，B_1, B_2 表示 X 的系数阵，l_1, l_2 为 v_1, v_2 相应的误差方程式常数项，则误差方程可表示为

$$\begin{bmatrix} V_1 \\ V_2 \end{bmatrix} = \begin{bmatrix} A_1 & 0 & B_1 \\ 0 & A_2 & B_2 \end{bmatrix} \begin{bmatrix} t_1 \\ t_2 \\ X \end{bmatrix} - \begin{bmatrix} l_1 \\ l_2 \end{bmatrix} \qquad (5.48)$$

式中

$$V_1 = \begin{bmatrix} v_{x1} & v_{y1} \end{bmatrix}^{\mathrm{T}}$$

$$V_2 = \begin{bmatrix} v_{x2} & v_{y2} \end{bmatrix}^{\mathrm{T}}$$

$$A_1 = \begin{bmatrix} a_{11} & a_{12} & a_{13} & a_{14} & a_{15} & a_{16} \\ a_{21} & a_{22} & a_{23} & a_{24} & a_{25} & a_{26} \end{bmatrix}$$

$$A_2 = \begin{bmatrix} a'_{11} & a'_{12} & a'_{13} & a'_{14} & a'_{15} & a'_{16} \\ a'_{21} & a'_{22} & a'_{23} & a'_{24} & a'_{25} & a'_{26} \end{bmatrix}$$

$$B_1 = \begin{bmatrix} -a_{11} & -a_{12} & -a_{13} \\ -a_{21} & -a_{22} & -a_{22} \end{bmatrix}$$

$$B_2 = \begin{bmatrix} -a'_{11} & -a'_{12} & -a'_{13} \\ -a'_{21} & -a'_{22} & -a'_{22} \end{bmatrix}$$

$$t_1 = [\mathrm{d}X_S \quad \mathrm{d}Y_S \quad \mathrm{d}Z_S \quad \mathrm{d}\varphi \quad \mathrm{d}\omega \quad \mathrm{d}\kappa]^{\mathrm{T}}$$

$$t_2 = [\mathrm{d}X'_S \quad \mathrm{d}Y'_S \quad \mathrm{d}Z'_S \quad \mathrm{d}\varphi' \quad \mathrm{d}\omega' \quad \mathrm{d}\kappa']^{\mathrm{T}}$$

$$X = [\mathrm{d}X \quad \mathrm{d}Y \quad \mathrm{d}Z]^{\mathrm{T}}$$
$$l_1 = [l_x \quad l_y]^{\mathrm{T}}$$
$$l_2 = [l'_x \quad l'_y]^{\mathrm{T}}$$

用矩阵形式表示总的误差方程式为

$$V = [A \quad B] \begin{bmatrix} t \\ X \end{bmatrix} - L \tag{5.49}$$

显然，对于控制点而言，上式中的 $\mathrm{d}X = \mathrm{d}Y = \mathrm{d}Z = 0$ 。

与式（5.48）相应的方程式为

$$\begin{bmatrix} A^{\mathrm{T}}A & A^{\mathrm{T}}B \\ B^{\mathrm{T}}A & B^{\mathrm{T}}B \end{bmatrix} \begin{bmatrix} t \\ X \end{bmatrix} = \begin{bmatrix} A^{\mathrm{T}}L \\ B^{\mathrm{T}}L \end{bmatrix} \tag{5.50}$$

或用新的符号表示为

$$\begin{bmatrix} N_{11} & N_{12} \\ N_{21} & N_{22} \end{bmatrix} \begin{bmatrix} t \\ X \end{bmatrix} = \begin{bmatrix} u_1 \\ u_2 \end{bmatrix} \tag{5.51}$$

式中，$N_{11} = A^{\mathrm{T}}A$，$N_{12} = A^{\mathrm{T}}B$，$N_{21} = B^{\mathrm{T}}A$，$N_{22} = B^{\mathrm{T}}B$，$u_1 = A^{\mathrm{T}}L$，$u_2 = B^{\mathrm{T}}L$ 。

若先消去待定点的一组坐标改正数 X ，保留外方位元素改正数 t ，得改化法方程式：

$$(N_{11} - N_{12}N_{22}^{-1}N_{12}^{\mathrm{T}})t = u_1 - N_{12}N_{22}^{-1}u_2 \tag{5.52}$$

对（5.52）式求解，可得到外方位元素改正数解向量。相应的另一组改化法方程式为

$$(N_{22} - N_{12}^{\mathrm{T}}N_{11}^{-1}N_{12})X = u_2 - N_{12}^{\mathrm{T}}N_{11}^{-1}u_1 \tag{5.53}$$

该方程式用于求解待求点坐标改正数解向量。

将求得的所有未知数改正数加到近似值上作为新的近似值，重复上述计算过程逐步趋近，直到满足精度要求为止。

由上述讨论可知，用光束法解算未知数时，需要给出未知数的初始值。通常可用单像空间后方交会-前方交会法求出外方位元素和待定点坐标作为光束法解算时未知数的初始值。

二、双像解析摄影测量三种解法比较

双像解析摄影测量可用三种解算方法：后交-前交解法、相对定向-绝对定向解法、光束法。三种方法比较分析如下：

（1）空间后方交会-空间前方交会，结果依赖于空间后方交会的精度，前交过程中没有充分利用多余条件平差计算。常用于已知像片的内、外方位元素，需确定少量待定点的坐标时采用。

（2）相对定向-绝对定向计算公式比较多，最后的点位精度取决于相对定向和绝对定向的精度。这种方法解算结果不能严格表达一幅影像的外方位元素，用于航带法解析空中三角测量中。

（3）光束法理论严密、求解精度最高，待定点的坐标是按最小二乘准则解得的。常用于光束法区域空中三角测量中。

【习题与思考题】

1. 什么叫单像空间后方交会？其观测值和未知数各是什么？至少需要几个已知控制点？为什么？

2. 利用共线条件式进行空间后方交会如何推导出线性化误差方程式表达式？

3. 连续像对和单独像对各选取怎样的像空间辅助坐标系？各有哪些相对定向元素？

4. 什么是绝对定向？一个立体模型有哪些绝对定向元素？

5. 立体像对双像前方交会的目的是什么？

6. 已知摄影机主距 $f = 153.24$，$x_0 = 0$，$y_0 = 0$，有 4 对点的像点坐标与相应的地面坐标如下表所示。以单像空间后方交会方法，求解该像片的外方位元素。

点　号	像点坐标		地面坐标		
	X/mm	Y/mm	X/m	Y/m	Z/m
1	− 86.15	− 68.99	36 589.41	25 273.32	2 195.17
2	− 53.40	82.21	37 631.08	31 324.51	728.69
3	− 14.78	− 76.63	39 100.97	24 934.98	2 386.50
4	10.46	64.43	40 426.54	30 319.81	757.31

7. 如何利用相对定向元素解求模型点坐标？

8. 解析法绝对定向的目的是什么？如何解算绝对定向元素？至少需要几个地面控制点？为什么？

9. 简述立体像对光束法解求像片对的外方位元素及待定点坐标的过程。

10. 双像解析摄影测量有哪三种方法？各有什么特点？

第6章 解析空中三角测量

【学习目标】

1. 掌握解析空中三角测量的概念及分类。
2. 了解解析空中三角测量的意义。
3. 了解像点坐标的系统误差及其改正方法。
4. 掌握航带法解析空中三角测量的基本思想和处理流程。
5. 掌握独立模型法解析空中三角测量的基本思想和处理流程。
6. 掌握光束法解析空中三角测量的基本思想和处理流程。
7. 了解 GPS 辅助空中三角测量、自动空中三角测量和 GPS/POS 辅助全自动空中三角测量的概念。

第1节 解析空中三角测量概述

一、解析空中三角测量的概念

应用航摄像片测绘地形图必须有一定数量的地面控制点坐标，这些控制点若采用常规的大地测量方法，需要在困难的野外作业环境和复杂的地形条件下，耗费相当的人力、物力和时间。解析空中三角测量的产生，极大地改变了这种情况。

解析空中三角测量是指用摄影测量解析法确定区域内所有影像的外方位元素，即根据影像上量测的像点坐标及少量控制点的大地坐标，求出未知点的大地坐标，使得已知点增加到每个模型中不少于4个，然后利用这些已知点求解影像的外方位元素。因而解析空中三角测量也称为摄影测量加密，这些由像片点解求的地面控制点，称为加密点。

摄影测量方法测定（或加密）点坐标的意义在于：

（1）不需要直接触及被量测的目标或物体，凡是在影像上可以看到的目标，不受地面通视条件限制，均可以测定其位置和几何形状。

（2）可以快速地在大范围内同时进行点位测定，从而可以节省大量的野外测量工作量。

（3）摄影测量平差计算时，加密区域内部精度均匀，且很少受区域大小的影响。

解析空中三角测量按照平差中采用的数学模型可分为航带法、独立模型法和光束法。航带法是通过相对定向和模型连接首先建立自由航带，以点在该航带中的摄影测量坐标为观测值，通过非线性多项式中变换参数的确定，将自由航带纳入所要求的地面坐标系，并使公共点坐标的误差平方和最小。独立模型法是先通过相对定向建立起单元模型，以模型点坐标为观测值，通过单元模型在空间的相似变换，使之纳入到规定的地面坐标系，并使模型连接点上残差的平方和最小。光束法是直接由每幅影像的光线束出发，以像点坐标为观测值，通过每个光束在三维空间的平移和旋转，使同名光线在物方最佳地交会在一起，并使之纳入规定的坐标系，从而加密出待求点的物方坐标和影像的方位元素。根据平差范围的大小，可以分为单模型法、单航带法和区域网法。单模型法是在单个立体像对中加密大量的点或用解析法高精度地测定目标点的坐标。单航带法是以一条航带构成的区域为加密单元进行解算。区域网法是对由若干条航带组成的区域进行整体平差。

二、像点坐标的系统误差及其改正

像点坐标的系统误差主要是由摄影材料的变形、摄影物镜畸变、大气折光以及地球曲率诸因素引起的，这些误差对每张影像的影响有相同的规律性，是系统误差。在像对的立体测图时，它们对成图的精度影响不大，然而在处理大范围的空中三角测量加密点以及高精度的解析和数字摄影测量时必须加以考虑，特别是对摄影材料的变形改正和摄影物镜畸变差的改正。

（一）摄影材料变形改正

摄影材料的变形情况比较复杂，有均匀变形和不均匀变形，所引起的像点坐标可通过量测框标坐标或量测框标距来进行改正。

若量测 4 个框标，可采用下式进行像点坐标改正：

$$\left.\begin{array}{l} x' = a_0 + a_1 x + a_2 y + a_3 xy \\ y' = b_0 + b_1 x + b_2 y + b_3 xy \end{array}\right\} \tag{6.1}$$

式中：x，y 为像点坐标的量测值；x'，y' 为经改正的像点坐标值；a_i，b_i 为待定的系数。

将四个框标的理论坐标值和量测值代入式（6.1），求得待定的 8 个系数，然后利用式（6.1）即可得到经摄影材料变形改正后的坐标值。该式能同时顾及均匀和不均匀变形的改正。

若量测 4 个框标距，可采用以下公式：

$$x' = x \frac{L_x}{l_x}, \quad y' = y \frac{L_y}{l_y} \tag{6.2}$$

式中：x，y 为像点坐标的量测值；x'，y' 为经改正的像点坐标值；L_x, L_y 和 l_x, l_y 分别是框标距的理论值和实际量测值。

实际上，在影像的内定向过程中部分地顾及了影像变形误差的改正，所以，若像点坐标的量测包括了内定向步骤，也可不必另行作摄影材料的变形改正。

（二）摄影机物镜畸变差改正

物镜畸变差包括对称畸变和非对称畸变，对称畸变差可用以下形式的多项式来表达：

$$\left.\begin{aligned} \Delta x &= -x'(k_0 + k_1 r^2 + k_2 r^4) \\ \Delta y &= -y'(k_0 + k_1 r^2 + k_2 r^4) \end{aligned}\right\} \tag{6.3}$$

式中：$r = \sqrt{x'^2 + y'^2}$ 是以像主点为极点的向径；Δx，Δy 为像点坐标改正数；x'，y' 为像点坐标；k_0，k_1，k_2 为物镜畸变差改正系数，由摄影机鉴定获得。

（三）大气折光改正

大气折光引起像点在辐射方向的改正为

$$\Delta r = -\left(f + \frac{r^2}{f}\right) \cdot \Delta d \tag{6.4a}$$

其中

$$\Delta d = \frac{n_0 - n_H}{n_0 + n_H} \cdot \frac{r}{f} \tag{6.4b}$$

式中：r 是以像低点为极点的径向，$r = \sqrt{x^2 + y^2}$；f 为摄影机主距；Δd 为折光差角；n_0，n_H 分别为地面和高度 H 处得大气折射率，可由气象资料或大气模型获得。

那么，大气折光差引起的像点坐标的改正值为

$$\left.\begin{aligned} \mathrm{d}x &= \frac{x}{r}\mathrm{d}r \\ \mathrm{d}y &= \frac{y}{r}\mathrm{d}r \end{aligned}\right\} \tag{6.5}$$

式中，x, y 为大气折光改正以前的像点坐标。

（四）地球曲率改正

由地球曲率引起的像点坐标在辐射方向的改正为

$$\delta = \frac{H}{2Rf^2} r^3 \tag{6.6}$$

式中：r 是以像低点为极点的向径，$r = \sqrt{x^2 + y^2}$；f 是摄影机主距；H 是摄站点的航高；R 是地球的曲率半径。

像点坐标的改正分别为：

$$\left.\begin{array}{l}\delta_x = \dfrac{x}{r}\delta = \dfrac{xHr^2}{2f^2R}\\[3mm]\delta_y = \dfrac{y}{r}\delta = \dfrac{yHr^2}{2f^2R}\end{array}\right\}\qquad(6.7)$$

式中，x,y 为地球曲率改正以前的像点坐标。

最后，经摄影材料变形、摄影物镜畸变差、大气折光差和地球曲率改正后的像点坐标为

$$\left.\begin{array}{l}x = x' + \Delta x + \mathrm{d}x + \delta_x\\[2mm]y = y' + \Delta y + \mathrm{d}y + \delta_y\end{array}\right\}\qquad(6.8)$$

式中：$x,\ y$ 为经过各项系统误差改正后的像点坐标；$x',\ y'$ 为经过摄影材料变形改正后的像点坐标；$\Delta x,\ \Delta y$ 为经过物镜畸变差引起的像点坐标改正数；$\mathrm{d}x,\ \mathrm{d}y$ 为大气折光引起的像点坐标改正数；$\delta_x,\ \delta_y$ 为地球曲率引起的像点坐标改正数。

在本教材后续介绍的摄影测量解析计算中，未加说明的情况下，均认为像点坐标已作过上述系统误差改正处理。

第 2 节　航带网法空中三角测量

航带法空中三角测量研究的对象是一条航带的模型，即首先把许多立体像对构成的单个模型连接成航带模型，然后把一个航带模型视为一个单元模型进行解析处理。在单个模型连成航带模型的过程中，由于各单个模型中的偶然误差和残余的系统误差将传播到下一个模型中，这些误差传递累积的结果会使航带模型产生扭曲变形，因此航带模型绝对定向以后还需要进一步进行非线性改正，以得到较为满意的结果。这便是航带网法空中三角测量的基本思想。

根据航带网法空中三角测量的基本思想，其主要工作流程包括：

（1）像点坐标量测与系统改正：用立体坐标量测仪进行像点坐标量测，并进行系统误差改正。

（2）连续法像对相对定向：利用连续像对的相对定向法建立单个模型，每个模型像空间辅助坐标系的坐标轴向都保持彼此平行，只是坐标原点及模型比例尺不一致。

（3）模型连接，构成自由的航带网：从左到右将航带中的单个模型进行比例尺的归化，统一坐标原点，使全航带内各模型连接成一个统一的自由航带网，计算模型点在统一坐标系中的坐标。

（4）航带模型的绝对定向：根据地面控制点，将航带网的摄影测量坐标纳入到地面摄影测量坐标系中。

（5）航带模型的非线性改正：由于系统误差和偶然误差在模型连接过程中传递累积产生航带网模型变形，要采用多项式进行改正。

一、单航带解析空中三角测量

（一）像对的相对定向

建立航带模型实际上就是求得各模型点在统一的航带像空间辅助坐标系中的坐标。通常是以航线首张像片的像空间坐标系作为航带像空间辅助坐标系，如果像对从左向右编号，第一个像对的左片相对于统一的航带空间辅助坐标系的角元素为零；经像对的相对定向求出的本像对右片的相对定向角元素 φ_2，ω_2，κ_2，即为下一个像对左片的已知角元素。像对的相对定向方法在第五章进行了叙述，此处不再重复。

（二）模型连接及航带网的构成

相对定向后，各立体模型的像空间辅助坐标系相互平行，但坐标原点和比例尺不同。为了建立航带模型将各像对模型归化到统一比例尺的过程，称为模型连接或模型比例尺归化。

模型连接就是利用相邻重叠区域的公共点，比较它们在 Z 方向的坐标来求解模型归化比例尺。如图 6.1 所示，①、②表示模型的编号，模型①中 2、4、6 与模型②中 1、3、5 是同名点。如果前后两个模型比例尺一致，则点 1 在模型②中的高程与点 2 在模型①中的高程（分别以各自的左摄站点为原点）有以下关系：

$$Z_1^{②} = Z_2^{①} - B_{Z_1} \tag{6.9}$$

当比例尺不同时，两者不相等。定义两者之比为比例归化系数 k。

$$k = (Z_2^{①} - B_{Z_1})/Z_1^{②} \tag{6.10}$$

式中：$Z_1^{②}$ 为模型①中的 2 点的坐标；$Z_2^{①}$ 为模型②中的 1 点的坐标；B_{Z_1} 为在模型①中求得的相对定向元素 B_Z。

为了提高模型连接的精度，一般作业中常取模型间上、中、下 3 个公共点来求取模型归化系数。

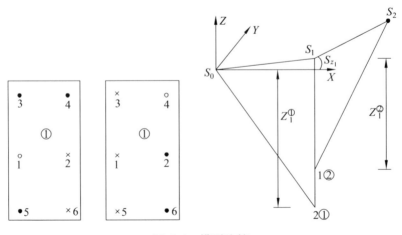

图 6.1 模型连接

　　求得模型比例尺归化系数后，在后一模型中，每一个模型点的像空间辅助坐标以及基线分量乘以归化系数 k，就获得了与前一个模型比例尺一致的坐标。此时应该注意的是各模型的比例尺虽然一致了，但各模型的像空间辅助坐标系并未统一，因为各模型坐标系的原点不一致。

　　在求出各单个模型的摄影测量坐标后，需将其连接成一个整体的航带模型，也就是将航带中所有摄站点、模型点的坐标都纳入到全航带统一的摄影测量坐标系中，一般为第一幅影像所在的像空间辅助坐标系，以构成自由航带网。

　　下面说明如何求出自由航带网中任一模型里任一点的摄影测量坐标。

　　第一个模型中左摄站点的摄影测量坐标为：

$$X_{PS0} = Y_{PS0} = 0, \quad Z_{PS0} = mf \tag{6.11}$$

　　第一个模型中右摄站点的摄影测量坐标为

$$X_{PS1} = mB_{x1}, \quad Y_{PS1} = mB_{y1}, \quad Z_{PS1} = mB_{z1} + mf \tag{6.12}$$

　　第一个模型中任意一模型点的摄影测量坐标为

$$\left. \begin{aligned} X_{PA} &= X_{PS0} + m \cdot N_1 X_1 = m \cdot N_1 X_1 \\ Y_{PA} &= \frac{1}{2}(Y_{PS0} + m \cdot N_1 Y_1 + Y_{PS1} + m \cdot N_2 Y_2) = \frac{1}{2}(m \cdot N_1 Y_1 + m \cdot N_2 Y_2 + m \cdot B_{y1}) \\ Z_{PA} &= Z_{PS0} + m \cdot N_1 Z_1 = mf + m \cdot N_1 Z_1 \end{aligned} \right\} \tag{6.13}$$

　　第二个模型及以后各模型的摄站点的摄影测量坐标为

$$\left. \begin{aligned} X_{PS2} &= X_{PS1} + k_2 \cdot m \cdot B_{x2} \\ Y_{PS2} &= Y_{PS1} + k_2 \cdot m \cdot B_{y2} \\ Z_{PS2} &= Z_{PS1} + k_2 \cdot m \cdot B_{z2} \end{aligned} \right\} \tag{6.14}$$

　　第二个模型及以后各模型的模型点的摄影测量坐标：

$$\left. \begin{aligned} X_{P2} &= X_{PS1} + k_2 \cdot m \cdot N_1 X_1 \\ Y_{P2} &= \frac{1}{2}(Y_{PS1} + k_2 \cdot m \cdot N_1 Y_1 + Y_{PS2} + k_2 \cdot m \cdot N_2 Y_2) \\ Z_{P2} &= Z_{PS2} + k_2 \cdot m \cdot N_1 Z_1 \end{aligned} \right\} \tag{6.15}$$

式中各模型左摄站的坐标，如式（6.14），（6.15）中的 X_{PS2}，Y_{PS2}，Z_{PS2}，均由前一个模型求得。B_{Y2}，B_{Z2} 均为本像对求得的相对定向元素，B_{X2} 由本像对 2 点的左右时差 P_2 代替，X_1, Y_1, Z_1 为左像点的像空间辅助坐标，X_2, Y_2, Z_2 为右像点的像空间辅助坐标，N_1，N_2 为点投影系数，m 为第一个模型比例尺分母。

（三）航带模型的绝对定向

　　自由航带模型的绝对位置及比例尺是不确定的，因此需要根据已知地面控制点确定航带模型在地面坐标系中的正确位置和比例尺，把待定点的摄影测量坐标转换为地面摄影测量坐标（不同于地面测量坐标），这一过程称为绝对定向。航带网的绝对定向与单模型绝对定向完全相同，也需要确定 7 个参数，即 λ、X、Y、Z、Φ、Ω、K，只不过现在把航带模型当作整体进行处理。主要过程如下：

（1）将控制点的地面测量坐标转换为地面摄影测量坐标。

在绝对定向之前，必须将地面测量坐标转换至地面摄影测量坐标，以保证绝对定向元素求解时角元素为小角值，适于使用线性化公式进行解算。完成地面测量坐标向地面摄影测量坐标的转换过程称为坐标的正变换。

（2）重心和重心化坐标的计算。

选择不在一条直线上，跨度尽量大的足够数量的控制点（至少 2 个平高控制点，1 个高程控制点）作为绝对定向的定向点，利用这些定向点计算地面摄影测量坐标和摄影测量坐标的重心化坐标。

（3）绝对定向误差方程式的建立和法方程式的求解。

利用控制点的重心化坐标可以列出误差方程式及相应的法方程式，再通过迭代计算求出 7 个绝对定向元素。

（4）绝对定向后坐标的计算。

仿照单元模型绝对定向的方法，利用空间相似变换式即可计算得到绝对定向后的坐标。

（四）航带模型的非线性改正

1. 航带模型的误差传播

航带模型在构建过程中存在着误差。误差主要是系统误差和偶然误差。系统误差的影响在像点坐标的预处理中已经得到改正，但并不彻底，有些残余的系统误差如摄影材料的局部变形、摄影机物镜的非对称畸变差、仪器误差等，将引起航带模型的变形。在量测像点坐标时观测中存在有偶然误差，这些误差会使建立的立体模型产生变形，各个立体模型中偶然误差和残余的系统误差将传递到下一个立体模型，在模型连接构网的过程中，致使航带模型产生扭曲变形，所以航带模型经绝对定向后还需要进行非线性改正。

2. 航带模型多项式改正

实际上，航带模型的变形是非常复杂的，不能用一个简单的数学公式精确地表达出来，通常采用多项式曲面来逼近复杂的变形曲面，通过最小二乘法拟合，使控制点处拟合曲面上的变形值与实际相差最小。通常采用的多项式有两种形式：一种是对 X，Y，Z 坐标分别列出多项式；另外一种是平面坐标采用正形变换多项式，而高程则采用一般多项式。

1）一般多项式改正航带网非线性变形的公式

非线性变形改正需要具有一定数量、分布合理的控制点。设经绝对定向后，控制点的重心化概略坐标为（$\overline{X}$，$\overline{Y}$，$\overline{Z}$），相应点的重心化地面摄影测量坐标为（$\overline{X}_{tp}$，$\overline{Y}_{tp}$，$\overline{Z}_{tp}$）。由于存在误差，应对 $\bar{X}$, $\bar{Y}$, $\bar{Z}$ 加入改正数：

$$\left.\begin{aligned}\bar{X}_{tp} &= \bar{X} + V_X + \Delta X \\ \bar{Y}_{tp} &= \bar{Y} + V_Y + \Delta Y \\ \bar{Z}_{tp} &= \bar{Z} + V_Z + \Delta Z\end{aligned}\right\} \tag{6.16}$$

式中，V_x 表示偶然误差。

以三次非完全多项式为例，非线性变形的改正公式为

$$\left.\begin{aligned}\Delta X &= A_0 + A_1\bar{X} + A_2\bar{Y} + A_3\bar{X}^2 + A_4\bar{X}\bar{Y} + A_5\bar{X}^3 + A_6\bar{X}^2\bar{Y} \\ \Delta Y &= B_0 + B_1\bar{X} + B_2\bar{Y} + B_3\bar{X}^2 + B_4\bar{X}\bar{Y} + B_5\bar{X}^3 + B_6\bar{X}^2\bar{Y} \\ \Delta Z &= C_0 + C_1\bar{X} + C_2\bar{Y} + C_3\bar{X}^2 + C_4\bar{X}\bar{Y} + C_5\bar{X}^3 + C_6\bar{X}^2\bar{Y}\end{aligned}\right\} \tag{6.17}$$

若用二次多项式改正非线性变形，则有 15 个未知数，必须至少需要 5 个平高控制点；若用三次多项式，则有 21 个未知数，至少需要 7 个平高控制点。究竟采用二次项公式还是采用三次项公式，主要视实际布设控制点情况而定。

由于实际均有多余控制点，因此用最小二乘解求多项式中的系数，误差方程式为

$$\left.\begin{aligned}-V_X &= A_0 + A_1\bar{X} + A_2\bar{Y} + A_3\bar{X}^2 + A_4\bar{X}\bar{Y} + A_5\bar{X}^3 + A_6\bar{X}^2\bar{Y} - (\bar{X}_{tp} - \bar{X}) \\ -V_Y &= B_0 + B_1\bar{X} + B_2\bar{Y} + B_3\bar{X}^2 + B_4\bar{X}\bar{Y} + B_5\bar{X}^3 + B_6\bar{X}^2\bar{Y} - (\bar{Y}_{tp} - \bar{Y}) \\ -V_Z &= C_0 + C_1\bar{X} + C_2\bar{Y} + C_3\bar{X}^2 + C_4\bar{X}\bar{Y} + C_5\bar{X}^3 + C_6\bar{X}^2\bar{Y} - (\bar{Z}_{tp} - \bar{Z})\end{aligned}\right\} \tag{6.18}$$

将控制点代入求得系数后，按下式求得经非线性改正后的坐标为

$$\left.\begin{aligned}X_{tp} &= X_{tpg} + \bar{X} + A_0 + A_1\bar{X} + A_2\bar{Y} + A_3\bar{X}^2 + A_4\bar{X}\bar{Y} + A_5\bar{X}^3 + A_6\bar{X}^2\bar{Y} \\ Y_{tp} &= Y_{tpg} + \bar{Y} + B_0 + B_1\bar{X} + B_2\bar{Y} + B_3\bar{X}^2 + B_4\bar{X}\bar{Y} + B_5\bar{X}^3 + B_6\bar{X}^2\bar{Y} \\ Z_{tp} &= Z_{tpg} + \bar{Z} + C_0 + C_1\bar{X} + C_2\bar{Y} + C_3\bar{X}^2 + C_4\bar{X}\bar{Y} + C_5\bar{X}^3 + C_6\bar{X}^2\bar{Y}\end{aligned}\right\} \tag{6.19}$$

式中，X_{tpg}, Y_{tpg}, Z_{tpg} 为地面摄影测量坐标系重心化的坐标。

2）平面正形变换多项式改正航带网非线性变形的公式

不完整的三次正形多项式为：

$$\left.\begin{aligned}S_X &= A_1 + A_3\bar{X} - A_4\bar{Y} + A_5\bar{X}^2 - 2A_6\bar{X}\bar{Y} + A_7\bar{X}^3 - 3A_8\bar{X}^2\bar{Y} \\ S_Y &= A_2 + A_4\bar{X} + A_3\bar{Y} + A_6\bar{X}^2 + 2A_5\bar{X}\bar{Y} + A_8\bar{X}^3 + 3A_7\bar{X}^2\bar{Y}\end{aligned}\right\} \tag{6.20}$$

式（6.20）中除去后两项即为二次正形多项式。同理，误差方程式为

$$\left.\begin{aligned}-V_X &= A_1 + A_3\bar{X} - A_4\bar{Y} + A_5\bar{X}^2 - 2A_6\bar{X}\bar{Y} + A_7\bar{X}^3 - 3A_8\bar{X}^2\bar{Y} - (\bar{X}_{tp} - \bar{X}) \\ -V_Y &= A_2 + A_4\bar{X} + A_3\bar{Y} + A_6\bar{X}^2 + 2A_5\bar{X}\bar{Y} + A_8\bar{X}^3 + 3A_7\bar{X}^2\bar{Y} - (\bar{Y}_{tp} - \bar{Y})\end{aligned}\right\} \tag{6.21}$$

对于高程改正仍用一般多项式中的 Z 项即可。

将控制点坐标代入即可求出非线性变形系数，然后按下式求得经非线性改正后的坐标为：

$$\left. \begin{aligned} X_{tp} &= X_{tpg} + \overline{X} + A_1 + A_3\overline{X} - A_4\overline{Y} + A_5\overline{X}^2 - 2A_6\overline{XY} + A_7\overline{X}^3 - 3A_8\overline{X}^2\overline{Y} \\ Y_{tp} &= Y_{tpg} + \overline{Y} + B_2 + B_4\overline{X} + B_3\overline{Y} + B_6\overline{X}^2 + 2B_5\overline{XY} + B_8\overline{X}^3 + 3B_7\overline{X}^2\overline{Y} \\ Z_{tp} &= Z_{tpg} + \overline{Z} + C_0 + C_1\overline{X} + C_2\overline{Y} + C_3\overline{X}^2 + C_4\overline{XY} + C_5\overline{X}^3 + C_6\overline{X}^2\overline{Y} \end{aligned} \right\} \qquad （6.22）$$

二、航带网法区域网平差

上述介绍的单航带解析空中三角测量是以一条航带作为独立的解算单元，求出待定点的地面坐标。航带法区域网平差（见图 6.2）则是以单航带为基础，把几条航带或一个测区作为一个解算的整体，同时求得整个测区内全部待定点的坐标。其基本思想是：先按照单航带的方法将每条航带构成自由网，并用本航带的控制点及与上一条相邻航带的公共点，进行本航带的三维线性变换，把整个区域内的各条航带都纳入到统一的摄影测量坐标系统中，然后各航带按非线性变形改正公式同时解算各航带的非线性改正系数，进而求得整个测区内全部待定点的地面坐标。

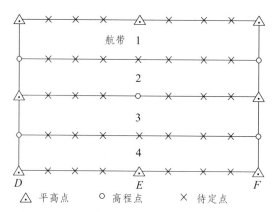

图 6.2　航带法区域网空中三角测量示意图

其主要步骤如下：

1. 建立自由比例尺的单航带网

按照单航带方法，每条航带构成自由网，计算公式与单航带相同。

2. 航带模型的绝对定向及建立区域网

用本航带的控制点及上一条相邻航带的公共点为依据，进行本航带的三维坐标变换，把整个测区内的各航带都纳入到统一的摄影测量坐标系中，从而解算出模型点在区域网中的坐标。

具体拼网过程为：

（1）先选定地面上一已知控制点（一般选在首条航带的航带端头）作为地面摄测坐标系的坐标原点，再将全区所有已知控制点的坐标都化为以该点为坐标原点的坐标值，然后利用区域中首条航带两端的已知平面控制点，将全区中所有已知控制点的地面测量坐标变换为地面摄影测量坐标。

（2）利用区域中第一条航带内的已知野外控制点，对第一条自由航带网作空间相似变换，求出第一条航带中各模型点在地面摄影测量坐标系中的概值。

（3）依次对以后各航带进行空间相似变换，这时需要利用本航带内已知控制点和上一条航带与本航带的公共连接点作为已知控制点参加解算，求出空间相似变换参数。

3. 区域网整体平差

全区各航带网完成定向后，各航带的坐标都被纳入到统一的地摄坐标系中，由于各航带网未进行非线性变形改正，其模型点坐标均为地摄概略坐标。整体平差时，利用模型点在各自航带网中的坐标进行。

航带法区域网平差是根据航带网中控制点的内、外业坐标应相等，以及相邻航带间公共连接点上的坐标应相等为平差条件。假定采用二次多项式进行各航带的非线性改正，即

$$\left.\begin{aligned}\Delta X &= A_0 + A_1\overline{X} + A_2\overline{Y} + A_3\overline{X}^2 + A_4\overline{XY} \\ \Delta Y &= B_0 + B_1\overline{X} + B_2\overline{Y} + B_3\overline{X}^2 + B_4\overline{XY} \\ \Delta Z &= C_0 + C_1\overline{X} + C_2\overline{Y} + C_3\overline{X}^2 + C_4\overline{XY}\end{aligned}\right\} \tag{6.23}$$

现以 X 坐标为例说明误差方程式的建立。对控制点有（内、外业坐标相等）

$$\overline{X}_{tp} = \overline{X} + V_X + \Delta X \tag{6.24}$$

误差方程式为

$$-V_X = A_0 + A_1\overline{X} + A_2\overline{Y} + A_3\overline{X}^2 + A_4\overline{XY} - (\overline{X}_{tp} - \overline{X}) \tag{6.25}$$

一条航带中有 n 个控制点，就能列出 n 个这样的误差方程式。

对相邻航带间的公共点有（相邻航带间公共连接点上的坐标应相等）

$$\overline{X}_j + X_{gj} + V_{Xj} + \Delta X_j = \overline{X}_{j+1} + X_{g(j+1)} + V_{X(j+1)} + \Delta X_{(j+1)} \tag{6.26}$$

误差方程式为

$$\begin{aligned} V_{X(j+1)} - V_{Xj} &= \Delta X_j - \Delta X_{(j+1)} + (\overline{X}_j + X_{gj}) - (\overline{X}_{j+1} + X_{g(j+1)}) \\ &= (A_{0j} + A_{1j}\overline{X}_j + A_{2j}\overline{Y}_j + A_{3j}\overline{X}_j^{\ 2} + A_{4j}\overline{X}_j\overline{Y}_j) - (A_{0(j+1)} + A_{1(j+1)}\overline{X}_{(j+1)} + \\ & \quad A_{2(j+1)}\overline{Y}_{(j+1)} + A_{3(j+1)}\overline{X}_{(j+1)}^{\ 2} + A_{4(j+1)}\overline{X}_{(j+1)}\overline{Y}_{(j+1)}) + (\overline{X}_j + X_{gj}) - (\overline{X}_{j+1} + X_{g(j+1)}) \end{aligned}$$
$$\tag{6.27}$$

相邻航带中有 n 个公共点，就能列出 n 个这样的误差方程式。

假定控制点误差方程式的权为 1，则公共连接点误差方程式的权应为 0.5，因为它是两个观测量的较差。

4. 加密点的地面坐标计算

解求出各航带网的非线性变形改正系数后，按下式计算各航带网中加密点的地面摄影测量坐标：

$$
\left.\begin{aligned}
X_{tp} &= X_{tpg} + \overline{X} + A_0 + A_1\overline{X} + A_2\overline{Y} + A_3\overline{X}^2 + A_4\overline{XY} \\
Y_{tp} &= Y_{tpg} + \overline{Y} + B_0 + B_1\overline{X} + B_2\overline{Y} + B_3\overline{X}^2 + B_4\overline{XY} \\
Z_{tp} &= Z_{tpg} + \overline{Z} + C_0 + C_1\overline{X} + C_2\overline{Y} + C_3\overline{X}^2 + C_4\overline{XY}
\end{aligned}\right\}
\tag{6.28}
$$

如果是单点，由式（6.28）即可求得该点的地面摄测坐标；若是相邻航带公共点，则取两相邻航带中的坐标平均值作为该点的地面摄影测量坐标，最后将全区域所有加密点的地面摄影测量坐标变换为地面测量坐标。

第3节　独立模型法区域网空中三角测量

一、基本思想

如图 6.3 所示，独立模型法区域网空中三角测量的基本思想是把单元模型视为刚体，利用各单元模型间公共点彼此连接成一个区域。在连接过程中，每个单元模型只能作平移、旋转、缩放，这可以通过单元模型的空间相似变换来完成。在变换中要使模型间公共点的坐标尽可能一致，控制点的摄影测量坐标应与其地面摄影测量坐标尽可能一致（即它们的差值尽可能变小），包括公共摄站点在内。同时观测值改正数的平方和为最小，在满足这些条件下，按最小二乘法原理，确定每一单元旋转、平移和缩放，以取得单元模型在区域中的最合适位置，从而确定待定点的地面摄影测量坐标的方法。

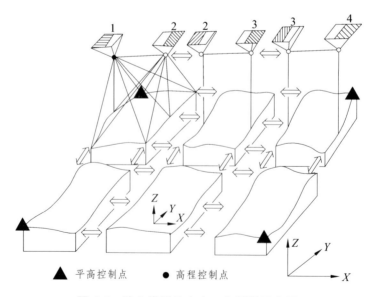

▲ 平高控制点　　● 高程控制点

图 6.3　独立模型法空中三角测量示意图

二、数学模型

单元模型建立后，需对每个模型各自进行空间相似变换：

$$\begin{bmatrix} X_{tp} \\ Y_{tp} \\ Z_{tp} \end{bmatrix}_{i,j} = \lambda \boldsymbol{R} \begin{bmatrix} \bar{X} \\ \bar{Y} \\ \bar{Z} \end{bmatrix}_{i,j} + \begin{bmatrix} X_g \\ Y_g \\ Z_g \end{bmatrix}_{j} \tag{6.29}$$

式中：$\bar{X}$, $\bar{Y}$, $\bar{Z}$ 为单元模型中任一模型点的重心化坐标；$\bar{X}_{tp}$, $\bar{Y}_{tp}$, $\bar{Z}_{tp}$ 为地面摄影测量坐标；X_g, Y_g, Z_g 为该模型的重心在地面摄影测量坐标系中的坐标值；λ 为单元模型的缩放系数；$\boldsymbol{R}$ 为由模型绝对定向角元素构成的旋转矩阵；i 为模型点点号；j 为模型号。

将式（6.29）线性化，列出误差方程式：

$$-\begin{bmatrix} v_X \\ v_Y \\ v_Z \end{bmatrix}_{i,j} = \begin{bmatrix} 1 & 0 & 0 & \bar{X} & \bar{Z} & 0 & -\bar{Y} \\ 0 & 1 & 0 & \bar{Y} & 0 & -\bar{Z} & \bar{X} \\ 0 & 0 & 1 & \bar{Z} & -\bar{X} & \bar{Y} & 0 \end{bmatrix}_{i,j} \begin{bmatrix} \Delta X_g \\ \Delta Y_g \\ \Delta Z_g \\ \Delta \lambda \\ \Delta \Phi \\ \Delta \Omega \\ \Delta K \end{bmatrix} - \begin{bmatrix} \Delta X \\ \Delta Y \\ \Delta Z \end{bmatrix}_{i,j} - \begin{bmatrix} l_X \\ l_Y \\ l_Z \end{bmatrix}_{i,j} \tag{6.30}$$

式中

$$\begin{bmatrix} l_X \\ l_Y \\ l_Z \end{bmatrix}_{i,j} = \begin{bmatrix} X_0 \\ Y_0 \\ Z_0 \end{bmatrix} - \lambda_0 \boldsymbol{R}_0 \begin{bmatrix} \bar{X} \\ \bar{Y} \\ \bar{Z} \end{bmatrix}_{i,j} - \begin{bmatrix} X_g \\ Y_g \\ Z_g \end{bmatrix}_{j} \tag{6.31}$$

式中：ΔX, ΔY, ΔZ 为待定点的坐标改正数；X_0, Y_0, Z_0 为模型公共点的坐标均值，在迭代趋近中，每次用新坐标值求得。

对于控制点，若认为控制点上无误差，则式（6.30）中的 $[\Delta X \quad \Delta Y \quad \Delta Z]$ 为零，并且常数中 $[X_0 \quad Y_0 \quad Z_0]$ 用控制点坐标 $[X_{tp} \quad Y_{tp} \quad Z_{tp}]$ 代入。对每一个公共连接点或控制点可列出上述一组误差方程式。

为了计算方便，常把误差方程式中的未知数分为两组，即每个模型的 7 个绝对定向参数改正数和待定点的地面坐标改正数。把它写成矩阵形式为：

对于公共点：

$$-V = At + BX - L \tag{6.32}$$

对于控制点：

$$-V = At + 0 - L \tag{6.33}$$

式（6.32）和（6.33）中，t 为模型绝对定向参数未知数，X 为待定点的坐标改正数。

通过解算改化法方程式就能得到全区域每个单元模型的 7 个绝对定向参数，然后利用求得的模型的 7 个变换参数，求出各模型中待定点的地面摄影测量坐标。

独立模型法区域网空中三角测量的计算量是很大的,对于 4 条航线,每条航线 10 个模型,每个模型 6 个点的普通区域,法方程中模型定向未知数的个数 $t = 4 \times 10 \times 7 = 280$,未知数个数较多。因此,为了提高计算速度,可采用平面与高程分开求解的方法。

三、作业流程

独立模型法区域网空中三角测量的作业流程为:

(1)采用单独像对相对定向方法建立单元模型,获得各单元模型的模型点坐标,包括摄站点。

(2)利用相邻模型间的公共点和所在模型中的控制点,各单元模型分别作三维变换,按各自的条件列出误差方程式,并组成法方程式。

(3)建立全区域的改化法方程式,并按循环分块法求解,求出每个单元模型的 7 个参数。

(4)由已经求得的每个模型的 7 个参数,计算每个单元模型中待定点平差后的坐标。若为相邻模型的公共点,则取其平均值为最后结果。

第 4 节　光束法区域网空中三角测量

一、基本思想及主要内容

光束法区域网空中三角测量的基本思想是以一张像片组成的一束摄影光线作为平差计算的基本单元,以共线条件方程作为平差的基础方程。通过各个光束在空中的旋转和平移,使模型之间公共点的光线实现最佳的交会,并使整个区域最佳地纳入到已知的控制点坐标系统中去。所以要建立全区域统一的误差方程,在全区域内进行平差计算,以求得每张像片的 6 个外方位元素和加密点的地面坐标,如图 6.4 所示。

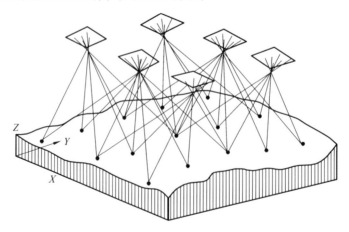

图 6.4　光束法区域网空中三角测量示意图

其主要内容有：

（1）获取每张像片外方位元素及待定点坐标的近似值。

（2）从每张像片上的控制点、待定点的像点坐标出发，按每条摄影光线的共线条件列出误差方程式。

（3）逐点法化建立改化法方程式，按循环分块的求解方法，先求出其中的一类未知数，通常先求每张像片的外方位元素。

（4）按空间前方交会求待定点的地面坐标，对于相邻像片的公共点，应取其平均值作为最后结果。

二、误差方程和法方程的建立

同单张像片空间后方交会一样，光束法区域网平差是以共线条件方程作为基本数学模型，影像坐标观测值是未知数的非线性函数，因此需要经过线性化处理后，才能用最小二乘法进行计算。在对共线方程线性化过程中，与单像空间后方交会不同的是，对待定点的地面坐标 (X, Y, Z) 也要进行偏微分，所以线性化过程中要提供每张像片外方位元素的近似值和待定点坐标的近似值，然后逐渐趋近求出最佳解。

在内方位元素已知的情况下，视像点坐标为观测值，其误差方程式可表示为

$$\left.\begin{array}{l} v_x = a_{11}\Delta X_S + a_{12}\Delta Y_S + a_{13}\Delta Z_S + a_{14}\Delta\varphi + a_{15}\Delta\omega + a_{16}\Delta\kappa - a_{11}\Delta X - a_{12}\Delta Y - a_{13}\Delta Z - l_x \\ v_y = a_{21}\Delta X_S + a_{22}\Delta Y_S + a_{23}\Delta Z_S + a_{24}\Delta\varphi + a_{25}\Delta\omega + a_{26}\Delta\kappa - a_{21}\Delta X - a_{22}\Delta Y - a_{23}\Delta Z - l_y \end{array}\right\}$$

$$(6.34)$$

式中，常数项 $l_x = x - (x)$，$l_y = y - (y)$；$(x),(y)$ 是把未知数的近似值代入共线条件方程式计算得到的。当影像上每点的 l_x，l_y 小于某一限差时，迭代计算结束。

把误差方程写成矩阵形式：

$$V = \begin{bmatrix} A & B \end{bmatrix} \begin{bmatrix} t \\ X \end{bmatrix} - L \qquad (6.35)$$

式中：

$$V = \begin{bmatrix} v_x & v_y \end{bmatrix}^{\mathrm{T}}$$

$$A = \begin{bmatrix} a_{11} & a_{12} & a_{13} & a_{14} & a_{15} & a_{16} \\ a_{21} & a_{22} & a_{23} & a_{24} & a_{25} & a_{26} \end{bmatrix}$$

$$B = \begin{bmatrix} -a_{11} & -a_{12} & -a_{13} \\ -a_{21} & -a_{22} & -a_{23} \end{bmatrix}$$

$$t = \begin{bmatrix} \Delta X & \Delta Y & \Delta Z & \Delta\varphi & \Delta\omega & \Delta\kappa \end{bmatrix}$$

$$X = \begin{bmatrix} \Delta X & \Delta Y & \Delta Z \end{bmatrix}^{\mathrm{T}}$$

$$\boldsymbol{L} = \begin{bmatrix} l_x & l_y \end{bmatrix}^{\mathrm{T}}$$

对每个像点可列出如式（6.35）的误差方程，其相应的法方程为

$$\begin{bmatrix} \boldsymbol{A}^{\mathrm{T}}\boldsymbol{A} & \boldsymbol{A}^{\mathrm{T}}\boldsymbol{B} \\ \boldsymbol{B}^{\mathrm{T}}\boldsymbol{A} & \boldsymbol{B}^{\mathrm{T}}\boldsymbol{B} \end{bmatrix} \begin{bmatrix} t \\ X \end{bmatrix} = \begin{bmatrix} \boldsymbol{A}^{\mathrm{T}}\boldsymbol{L} \\ \boldsymbol{B}^{\mathrm{T}}\boldsymbol{L} \end{bmatrix} \tag{6.36}$$

一般情况下待定点坐标未知数 X 的个数要远远大于定向未知数 t 的个数,因此对式（6.36）中消去未知数 X 以后，可得 t 未知数的解为

$$t = [\boldsymbol{A}^{\mathrm{T}}\boldsymbol{A} - \boldsymbol{A}^{\mathrm{T}}\boldsymbol{B}(\boldsymbol{B}^{\mathrm{T}}\boldsymbol{B})^{-1}\boldsymbol{B}^{\mathrm{T}}\boldsymbol{A}]^{-1} \cdot [\boldsymbol{A}^{\mathrm{T}}\boldsymbol{L} - \boldsymbol{A}^{\mathrm{T}}\boldsymbol{B}(\boldsymbol{B}^{\mathrm{T}}\boldsymbol{B})^{-1}\boldsymbol{B}^{\mathrm{T}}\boldsymbol{L}] \tag{6.37}$$

利用式（6.37）求出每张像片的外方位元素后，再利用双像空间前方交会公式求得全部待定点的地面坐标；也可以利用多片前方交会求得待定点的地面坐标。在共线条件的误差方程式（6.34）中，由于每张像片的 6 个外方位元素已经求出，可以列出每个待定点的前方交会误差方程:

$$\left. \begin{array}{l} v_x = -a_{11}\Delta X - a_{12}\Delta Y - a_{13}\Delta Z - l_x \\ v_y = -a_{21}\Delta X - a_{22}\Delta Y - a_{23}\Delta Z - l_y \end{array} \right\} \tag{6.38}$$

如果有一个待定点跨了几张像片，则可以列出如式（6.38）的 $2n$（n 为所跨像片张数）个误差方程式，将所有待定点的误差方程组成法方程式，解出每个待定点的地面坐标近似值的改正数，加上近似值后，得到该点的地面坐标。

第 5 节　三种区域网平差方法比较

本章介绍了解析空中三角测量中常用的三种区域网平差方法，即航带法区域网平差、独立模型法区域网平差和光束法区域网平差。现从三种方法的数学模型和平差原理上分析三种方法的特点，以便在实际生产中选择合适的区域网平差方法。

航带法是从模拟仪器上的空中三角测量演变而来的，是一种分步的近似平差方法。首先通过单个像对的相对定向和模型连接构建自由航带，然后在进行每条航带多项式非线性改正时，顾及航带间公共点和区域内的控制点，使之得到最佳的符合。从这个思想出发，航带法区域网平差的数学模型是航带坐标的非线性多项式改正公式，"观测值"是自由航带中各点的摄影测量坐标，平差单元为一条航带，整体平差的未知数是各航带的多项式改正系数。这种平差方法的特点是未知数少，解算方便、快速，但精度不高，目前主要用于为严密平差提供初始值和小比例尺低精度点位加密。

独立模型法区域网平差源于单元模型间空间相似变换的思想。利用由影像坐标经解析相对定向后求出的或量测的独立模型坐标，通过各单元立体模型在空间的旋转、平移和缩放，使得模型的公共点有尽可能相同的坐标，并通过地面控制点使整个空中三角测量网最佳地纳入到规定的坐标系中。从这个思想出发，独立模型法区域网平差的数学模型是单元模型的空

间相似变换公式，观测值是计算的或量测的模型坐标，平差单元为独立模型，未知数是各模型空间相似变换7个参数和加密点的地面坐标。该方法平差解求的未知数较多，可将平面和高程分开求解，仍能得到严密平差的结果。

光束法区域网平差是基于摄影成像时像点、物点和摄影中心三点共线的特点而提出的。由单张像片构成区域，其平差的数学模型是共线条件方程，平差单元是单个光束，每幅影像的像点坐标为原始观测值，未知数是各影像的外方位元素和所有待求点的地面坐标。这种方法是最严密的一步解法，误差方程式直接对原始观测值列出，能最方便地估计影像系统误差的影响，最便于引入非摄影测量附加观测值，如导航数据和地面测量观测值。随着摄影测量技术的发展和计算机水平的提高，该方法得到了日益广泛的应用，并且已经成为解析空中三角测量的主流方法。

与前两种方法相比，光束法区域网平差公式是由共线方程线性化而得到的，因此，必须提供未知数的近似值。其次，未知数多，计算量大，计算速度也相对较慢。

第6节　解析空中三角测量精度分析

解析空中三角测量的任务是解决目标点的空间定位问题。定位精度如何是用户所关心的指标，下面将从理论精度和实际精度两个方面分析不同方法所能达到的精度。

理论精度是从理论上进行分析，即把待定点的坐标改正数视为随机变量，在最小二乘平差计算中，求出坐标改正数的方差-协方差矩阵。通过对理论精度的分析，能了解和掌握区域网平差后误差的分布规律，根据这些误差分布规律，可以对控制点进行合理的分布设计。实际精度是利用大量的野外实测控制点作为解析空中三角测量的多余检查点，将平差计算所得该点的坐标与野外实测坐标比较，其差值视为真误差，再由这些真误差计算出点位坐标精度。实际精度和理论精度的差异往往有助于发现观测数据或平差模型中存在的误差，因此，在实际工作中提供足够多的多余控制点数是非常必要的，三种区域网平差方法的比较如图6.5所示。

1. 解析空中三角测量的理论精度

解析空中三角测量中未知数的理论精度是以平差获得的未知数协方差矩阵作为测度来进行评定的，可用式（6.39）来表示第 i 个未知数的理论精度。

$$m_i = m_0 \cdot \sqrt{Q_{ii}} \tag{6.39}$$

式中：Q_{ii} 为法方程系数矩阵之逆阵 $\boldsymbol{Q}_{XX}$ 中的第 i 个对角线元素；m_0 为单位权观测值中误差，可按下式计算：

$$m_0 = \sqrt{\frac{\boldsymbol{V}^{\mathrm{T}} \boldsymbol{P} \boldsymbol{V}}{r}} \tag{6.40}$$

其中，r 为多余观测的数目。

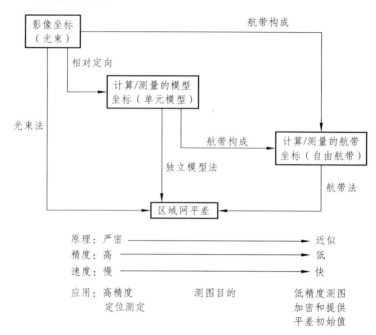

图 6.5　三种区域网平差方法的比较

对理论精度进行研究，可以得到区域网平差的精度分布规律，概括起来有以下几点：

（1）不论采用航带法、独立模型法、光束法，区域网空中三角测量的精度最弱点位于区域的四周，而不在区域的中央。也就是说，对于区域网空中三角测量，区域内部精度较高且均匀，精度薄弱环节在区域的四周。根据这一点，平面控制点应当布设在区域的四周，这样才能起到控制精度的作用。

（2）当密集周边布点时，区域网的理论精度对于航带法而言小于一条航带的测点精度；对于独立模型法而言相当于一个单元模型的测点精度；而光束法区域网的理论精度不随区域大小而改变，它是个常数。

（3）当控制点稀疏分布时，区域网的理论精度会随着区域的增大而降低。但若增大旁向重叠，则可以提高区域网平面坐标的理论精度。

（4）区域网平差的高程理论精度取决于控制点间的跨度而与区域大小无关，即只要高程控制点间的跨度相同，即使区域大小不一样，它们的高程理论精度还是相等的。

从理论上讲，光束法平差最符合最小二乘法原理，精度最好。因为光束法平差中使用的观测值是真正的观测值，而其他两种方法在平差中的观测值均为真正观测值的函数。但如果系统误差没有得到很好的补偿，光束法的优点也就反映不出来，而三种方法的精度也就没有显著的差异。

2. 解析空中三角测量的实际精度

上述理论精度反映了量测中偶然误差的影响与点位的分布有关。而实际情况是复杂的，往往要受到偶然误差和残余系统误差的综合影响，这就意味着实际精度与理论精度可能存在着一定的差异。

利用摄影测量试验场是研究区域网空中三角测量实际精度的最有效方法。在这个试验场中布设大量等间隔的地面控制点，这些点上均布有标志，并用高精度的大地测量方法测得这些标志点的地面测量坐标，这些地面标志点在影像上均有相应的构像，避免了像点的辨认误差。因此这些地面控制点的地面测量坐标可以认为是真值，经区域网平差后得到这些点的摄影测量坐标，与相应的地面测量坐标之差可以看作"真差"，被用来衡量区域网中三角测量的实际精度。

$$\left. \begin{array}{l} \mu_X = \sqrt{\dfrac{\sum(X_{控} - X_{摄})^2}{n_x}} \\[2ex] \mu_Y = \sqrt{\dfrac{\sum(Y_{控} - Y_{摄})^2}{n_y}} \\[2ex] \mu_Z = \sqrt{\dfrac{\sum(Z_{控} - Z_{摄})^2}{n_z}} \end{array} \right\} \qquad (6.41)$$

式（6.41）是解析空中三角测量实际精度的估算公式。

第 7 节　GPS 辅助空中三角测量

GPS 全球定位系统（Global Positioning System）是美国国防部自 20 世纪 70 年代初开始研制的新一代卫星导航和定位系统，由卫星部分、地面控制部分和用户接收机三部分组成。GPS 工作卫星均匀分布在 6 个相对于赤道的倾角为 55° 的近似于圆形的轨道面上，轨道面之间的夹角为 60°，轨道平均高度约为 20 200 km，12 恒星时绕地球一周。这样的布局可以保证全球任一测站能在任何时刻同时收到 4 颗以上的卫星的信号。该系统能连续地向地面发射信号，供地表面或海、陆、空各种交通工具的固定或移动接收机天线所接收，从而实现在地球上任何地方和任何时刻的自动定位。

GPS 辅助空中三角测量是采用机载 GPS 接收机与地面基准站的 GPS 接收机同时、快速、连续地观测 GPS 卫星信号，通过 GPS 载波相对测量差分定位技术对离线数据处理以获取航摄仪曝光时刻摄站的三维坐标，然后将其视为附加观测值引入摄影测量区域网平差中，经采用统一的数学模型和算法以整体确定点位并对其质量进行评定的理论、技术和方法。该方法可以极大地减少甚至完全免除常规空中三角测量所需的地面控制点，从而达到大量节省像片野外测量工作、缩短航测成图周期、降低生产成本、提高生产效率的目的。

图 6.6 表示利用空-地两台 GPS 接收机的航摄系统。由于机载 GPS 接收机天线的相位中心不可能与航摄仪物镜后节点重合，产生了一个偏心矢量 e，如果将摄影机固定安装在飞机上，该偏心矢量为一个常数，且在像方坐标系中的 3 个坐标分量 (u_A, v_A, w_A) 可以测定出来。由此可以获得飞机上天线相位中心 A 点和摄影中心 S 在以 M 为原点的地面坐标系中的坐标，利用像片中姿态角 φ, ω, κ 分量得到变换关系式：

$$\begin{bmatrix} X_A \\ Y_A \\ Z_A \end{bmatrix} = \begin{bmatrix} X_S \\ Y_S \\ Z_S \end{bmatrix} + \boldsymbol{R} \begin{bmatrix} u_A \\ v_A \\ w_A \end{bmatrix} \qquad (6.42)$$

式中，R 为像片姿态角所组成的旋转矩阵。

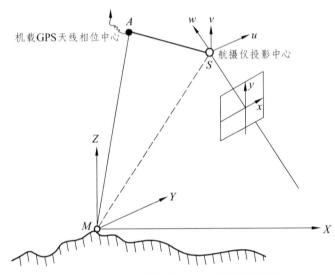

图 6.6　GPS 辅助空中三角测量示意图

由式（6.42）出发，可以列出天线相位中心 A 点由 GPS 数据获得的大地坐标线性化观测值误差方程式，将其与常规的光束法区域网空中三角测量的误差方程式联立，整体解求所有未知数。

第 8 节　自动空中三角测量

一、在线空中三角测量的概念

常规的解析空中三角测量把像点坐标的量测与平差计算分别放在两个环节中完成，这种脱机方式处理的严重缺点是对量测的质量缺乏及时的了解。

在线空中三角测量的基本思想是利用电子计算机的高速运算和联机操作控制的优点，把像点坐标的量测与最小二乘平差计算放在同一个环节中进行，一边进行观测一边进行运算，无需分成两个阶段。计算过程中计算机对所获取数据具有粗差定位的功能，使系统的操作者可以经常地得到关于作业过程和质量的信息反馈，以便对量测过程做出必要的更改而与该系统作人机对话。

在线空中三角量测有两种基本方案。

　　第一种方案中联机的作用在于作数据获取时的质量控制，使其具有高度的可靠性，之后作脱机的整体平差。该方案因为对最后的整体平差以脱机形式进行，所以效率较高，特别是在区域网比较大时更是如此。

　　第二种方案中联机的计算作为整体平差作业过程的一部分，使之能在量测结束后，马上就获得最后的成果。该方案多用于单航带的加密。

　　在数字摄影测量工作站中，由于像点坐标的量测是由影像匹配自动完成的，因而对粗差处理一般是采用大量的多余观测，即匹配大量的连接点，然后根据粗差探测理论，在平差解算的各个阶段将粗差自动剔除。

二、自动空中三角测量

　　自动空中三角测量就是利用模式识别技术和多影像匹配等方法代替人工在影像上自动选点与转点，同时自动获取像点坐标，提供给区域网平差程序解算，以确定加密点在选定坐标系中的空间位置和影像的定向参数。主要作业过程如下：

（一）构建区域网

　　首先需将整个测区的光学影像逐一扫描成数字影像，然后输入航摄仪检定数据建立摄影机信息文件、输入地面控制点信息等建立原始观测值文件，最后在相邻航带的重叠区域里量测一对以上的同名连接点。

（二）自动内定向

　　通过对影像中框标点的自动识别与定位来建立数字影像中的各像元行、列数与其像平面坐标之间的对应关系。

（三）自动选点与自动相对定向

　　提取相邻两幅影像中重叠范围内的均匀分布的明显特征点，利用局部多点松弛法进行影像匹配获得同名点。然后，进行相对定向解算，并根据相对定向结果剔除粗差后重新进行计算，直至不含粗差为止。

（四）多影像匹配自动转点

　　对每幅影像中所选取的明显特征点，在所有与其重叠的影像中，利用核线（共面）条件约束的局部多点松弛法影像匹配算法进行自动转点，并对每一对点进行反向匹配，以检查并排除其匹配出的同名点中可能存在的粗差。

（五）控制点的半自动量测

摄影测量区域网平差时，要求在测区的固定位置上设立足够的地面控制点。首先由作业员直接在计算机屏幕上对地面控制点影像进行辨识并精确手工定位，然后通过多影像匹配进行自动转点，得到其在相邻影像上同名点的坐标。

（六）摄影测量区域网平差

利用多像影像匹配自动转点技术得到的影像连接点坐标可用作原始观测值提供给摄影测量平差软件，进行区域网平差解算。

三、GPS/POS 辅助全自动空中三角测量

机载定位定向系统 POS（Position and Orientation System）是基于全球定位系统（GPS）和惯性测量装置（IMU）的直接测定影像外方位元素的现代航空摄影导航系统，可用于在无地面控制或仅有少量地面控制点情况下的航空遥感对地定位和影像获取。

经典的解析空中三角测量方法是将影像点坐标观测值与地面控制点坐标一道进行区域网平差，而如果把该观测值与 GPS/POS 数据（必要时可加入少量的地面控制点）一并进行区域网联合平差，这就形成了 GPS/POS 辅助全自动空中三角测量。

上述自动空中三角测量作业过程中，对于模型连接点，利用多像影像匹配算法可高效、准确、自动地量测其影像坐标，完全取代了常规航空摄影测量中由人工逐点量测像点坐标的作业模式。但对于区域网中的地面控制点，目前还缺乏行之有效的算法来自动定位其影像，只能由作业员手工量测。就 GPS/POS 辅助空中三角测量而言，如果需要进行高精度点位测定，在区域网的四角也还需要量测 4 个地面控制点；如果是进行高山区中小比例尺的航空摄影测量测图，则可考虑采用无地面控制的空中三角测量方法，此时可完全用 GPS/POS 摄站坐标取代地面控制点，实现真正意义上的全自动空中三角测量。图 6.7 显示了解析空中三角测量的主要过程。

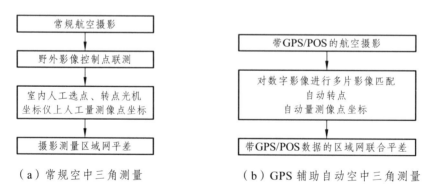

（a）常规空中三角测量　　　　　　（b）GPS 辅助自动空中三角测量

图 6.7　摄影测量区域网平差的主要过程

【习题与思考题】

1. 解析空中三角测量的定义是什么?

2. 解析空中三角测量的意义是什么?

3. 解析空中三角测量是如何分类的?

4. 航带法解析空中三角测量的基本思想是什么? 请简述处理流程。

5. 独立模型法区域网平差的基本思想是什么?

6. 光束法区域网平差的基本思想是什么?

7. GPS 辅助空中三角测量、自动空中三角测量、GPS/POS 辅助全自动空中三角测量与传统的解析空中三角测量的区别是什么?

第7章 数字摄影测量基础

【学习目标】

1. 理解数字摄影测量的定义，了解数字摄影测量的现状与新发展以及摄影测量新技术；

2. 掌握数字摄影测量的主要作业过程、主要产品和数字摄影测量系统立体测图，以及相关理论知识；

3. 熟悉数字影像相关的知识。

第1节 数字摄影测量概述

一、数字摄影测量的定义

所谓数字摄影测量就是基于数字影像与摄影测量的基本原理，应用计算机技术、数字影像处理、影像匹配、模式识别等多学科的理论与方法，提取所摄对象用数字方式表达的几何与物理信息的摄影测量的分支学科。

这种定义认为，在数字摄影测量中，不但其产品是数字的，而且其中间数据的记录及处理的原始资料、原始影像均是数字的，因此，又被称为"全数字摄影测量"。即强调从数字影像出发，应用摄影测量的基本原理，采用计算机相关技术对数字影像进行处理和加工，获取所需要的数字信息。其最大的特点是由计算机代替人眼的立体观测，实现数据处理的自动化。

另一种广义的数字摄影测量定义则只强调其中间数据记录及最终产品是数字形式的，即数字摄影测量是基于摄影测量的基本原理，应用计算机技术，从影像（包括硬拷贝与数字影像或数字化影像）提取所摄对象用数字方式表达的几何与物理信息的摄影测量分支学科。这种定义的数字摄影测量包括计算机辅助测图（常称为数字测图）与影像数字化测图。

二、数字摄影测量的主要作业过程

典型的数字摄影测量的作业流程主要包括航空摄影、外业测量、空三加密、立体测图等几个环节，如图7.1所示。

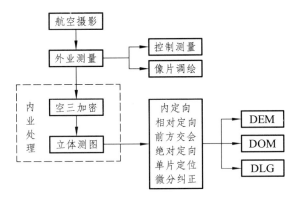

图 7.1　数字摄影测量主要作业流程

进行数字摄影测量过程中，生成 4D 产品的典型流程包括：影像输入、内定向、相对定向、绝对定向等，如图 7.2 所示。

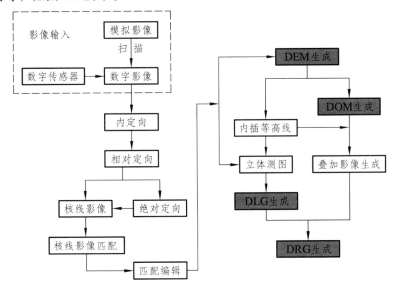

图 7.2　数字摄影测量的 4D 产品制作流程

三、数字摄影测量的主要产品

数字摄影测量工作站的产品从内容到形式都很丰富，随着数字摄影测量工作站处理功能的不断增强，其应用领域的不断扩大，以及各应用领域对产品内容和表达形式的特殊要求的变化，其产品只会越来越丰富。就目前来说，除了 4D 产品外，数字摄影测量工作站的产品主要包括三大类：影像产品、矢量产品、影像和矢量相结合的产品。

（一）影像产品

影像产品主要包括：原始影像镶嵌图、纠正影像及其镶嵌图、数字正射影像及其镶嵌图、正射影像立体匹配片、正射影像及其镶嵌图。

（二）矢量产品

矢量产品主要包括：影像定向参数及加密点坐标（主要为空三加密成果）、数字高程模型（包括断面图、立体透视图）、数字表面模型、数字线划图（包括平面图、等高线图、地形图、各种专题图）、三维目标模型（矢量形式）。

（三）影像和矢量相结合的产品

这部分产品主要包括：影像地形图（等高线与正射影像套合的结果）、立体景观图、带纹理贴面的三维目标模型。

除了上述主要产品外，还有各种可视化的立体模型。各种工程设计所需的三维信息以及各种信息系统、数据库所需的空间信息都属于数字摄影测量工作站产品的范畴。

以上所说的数字高程模型（DEM）、数字正射影像（DOM）、数字线划图（DLG）及数字栅格地图（DRG）构成了 4D 产品的主要内容。

DOM（Digital Orthophoto Map，数字正射影像图）：对航空（或航天）像片进行数字微分纠正和镶嵌，按一定图幅范围裁剪生成的数字正射影像集，它是同时具有几何精度和影像特征的图像。

DEM（Digital Elevation Map，数字高程模型）：用一组有序数值阵列形式表示地面高程的一种实体地面模型，是数字地形模型（Digital Terrain Model，DTM）的一个分支，其他各种地形特征均可由此派生。

DRG（Digital Raster Graphic，数字栅格影像地图）：根据现有纸质、胶片等地形图经扫描和几何纠正及色彩校正后，形成在内容、几何精度和色彩上与地形图保持一致的栅格数据集。

DLG（Digital Line Graphic，数字线划图）：与现有线划基本一致的各地图要素的矢量数据，且保存各要素间的空间关系和相应的属性信息。

四、数字摄影测量的现状与新发展

从 20 世纪 90 年代开始进入数字摄影测量时代至今，经过 20 多年的发展，数字摄影测量无论是在信息获取、数据处理还是在信息应用等方面，其理论和实践都发生了巨大的变化，而且这种变化目前还在持续，并将进一步深入下去。

在信息获取的种类与方法方面，过去摄影测量的传感器就是光学摄影机，只能用于基于胶片的像片，但近几年来，随着数字成像技术、主动式遥感技术、传感器自主定位技术和智能化数据处理技术的快速发展，数字摄影测量进入一个崭新的时代，其发展主要表现在如下几个方面。

（一）数字成像技术——航空数码成像系统

航空数码摄影机得到了飞速发展，通过 CCD 航摄仪（包括面阵、线阵 CCD），可获取高质量（高信噪比、高反差）、高空间分辨率（地面分辨率可达到 5 cm）、高辐射分辨率（辐射分辨率均大于 8 比特/像素，可达 12 比特/像素）和高影像重叠率（航向 80%～90%，旁向 60%～80%）的影像信息，大大减轻了天气和地形条件对影像获取的限制，开创了大比例尺全数字测图和利用航空摄影测量进行数字地籍测绘的新时代。另外，无人机（UAV）航摄系统也被成功地应用到大比例尺地籍测绘、数字城市三维建模，特别是在应急救灾中发挥了巨大的作用。

（二）高分辨率 LiDAR 技术

利用机载激光扫描（Light Detection and Ranging，LiDAR）可以直接获得地面的数字表面模型（DSM），其精度可达 15～20 cm，甚至更高。LiDAR 技术可以快速获取作业区域内详细、高精度的三维地形或景观模型，它可以以传统的测绘手段所不可比拟的方式快速、精确地获取地表、甚至是城市中心区域的三维模型，彻底解决了城市区域的三维测图问题。LiDAR 数据的获取已经日益受到重视，应用也越来越广泛。LiDAR 技术开创了大比例尺城市三维测图的新时代。

（三）传感器自主定位技术——GPS/IMU

利用 GPS（Global Position System）可以直接测定航空摄影机的瞬时摄影中心坐标，利用惯性测量系统（Inertial Measurement Unit，IMU）可以直接测定摄影时刻的影像的姿态。由 GPS 和 IMU 构成的 POS 系统，能够在航空摄影过程中直接测定影像的外方位元素，使得摄影测量可以在少或无地面控制点的情况下进行作业，并且其数据处理流程也与传统的摄影测量数据处理不一样，不需要再进行外业控制、空三加密等（见图 7.3）。可以根据航空摄影，基于 POS 系统获取的外方位元素直接进行地物目标三维坐标的解算。POS 系统的应用可以减少甚至不需要外业控制测量，开创了稀少或无地面控制点影像测图的新时代。

图 7.3　摄影测量作业过程

（四）多影像多基线匹配、多传感器匹配等新技术

近年来，随着多影像多基线匹配、多传感器匹配等新技术的发展，数字摄影测量对计算机的配置提出了更高的要求，应充分应用当前先进的数字影像匹配、高性能并进计算、网格计算、海量存储与网络通信等技术，形成全新的遥感数据处理算法以及高速网络环境下分布式或集群式处理系统，开创摄影测量智能化、高精度、自动化数据处理的新时代。

法国 Infoterra 公司研发的像素工厂（Pixel Factory，PF）、美国的像素管道（Pixel Pipe）、武汉大学研发的 DPGrid 等摄影测量影像处理系统，都是由一个高性能硬件和并行软件密切结合的高效解决方案，通过高性能运算，可实现摄影测量海量数据的全自动、智能化处理。

第2节　数字影像及数字影像的获取

一、数字影像

数字影像是数字摄影测量的主要数据源。随着 CCD 传感器技术的发展和成熟，在摄影测量中已经广泛地使用数字航摄仪，所获取的数字影像已经成为摄影测量的主要数据源。

数字影像是摄影测量自动化的必然要求。随着计算机相关技术的发展，摄影测量人员迫切地希望摆脱烦琐的劳动，希望借助于计算机能自动化完成摄影测量的所有工作，这就需要摄影测量建立一个自动的数据处理流程或数据处理链，而计算机只能处理数字影像。

数字影像又称为数字图像，是物体电磁波辐射能量的二维数字阵列表示，是便于计算机处理的图像形式。

数字影像是一个灰度矩阵 $\boldsymbol{g}$：

$$\boldsymbol{g} = \begin{bmatrix} g_{0,0} & g_{0,1} & \cdots & g_{0,n-1} \\ g_{1,0} & g_{1,1} & \cdots & g_{1,\,n-1} \\ \vdots & \vdots & & \vdots \\ g_{m-1,0} & g_{m-1,1} & \cdots & g_{m-1,\,n-1} \end{bmatrix} \tag{7.1}$$

矩阵的每个元素 $g_{j,i}$ 是一个灰度值，对应着光学影像或实体的一个微小区域，称为像元素或像元或像素（pixel=picture element）。各像元素的灰度值 $g_{j,i}$ 代表其影像经采样与量化了的"灰度级"。

若 Δx 与 Δy 是光学影像上的数字化间隔，则灰度值 $g_{j,i}$ 随对应的像素的点位坐标（x, y）而异。通常取 $\Delta x = \Delta y$，而 $g_{j,i}$ 也限于取用离散值。

$$x = x_0 + i \cdot \Delta x \qquad (i = 0, 1, \cdots, n-1)$$

$$y = y_0 + j \cdot \Delta y \qquad (j = 0, 1, \cdots, m-1)$$

如前所述，数字影像一般总是表达为空间的灰度函数 $g(i, j)$，构成为矩阵形式的阵列。这种表达方式是与其真实影像相似的。但也可以通过变换，用另一种方式来表达，其中最主要的是通过傅里叶变换，把影像的表达由"空间域"变换到"频率域"中。在空间域内表达像点不同位置（x, y）（或用（i, j）表达）处的灰度值，而在频率域内则表达在不同频率中[像片上每毫米的线对数（IP），即周期数]的振幅谱（傅里叶谱）。频率域的表达对数字影像处理是很重要的。因为变换后矩阵中元素的数目与原像中相同，但其中许多是零值或数值很小。这就意味着通过变换，数据信息可以被压缩，使其能更有效地存储和传递；其次是影像分解力的分析以及许多影像处理过程，例如滤波、卷积以及在有些情况下的相关运算，在频域内可以更为有利地进行。其中所利用的一条重要关系，就是在空间域内的一个卷积相等于在频率域内其卷积函数的相乘；反之亦然。在摄影测量中所使用的影像的傅里叶谱可以有很大的变化。例如在任何一张航摄像片上总可找到有些地方只包含有很低的频率信息，而有些地方则主要包含高频，偶然地有些地区主要是有一个狭窄范围的频率。航摄像片有代表性的傅里叶谱如图 7.4 所示。

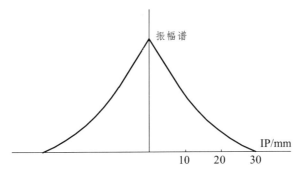

图 7.4　航摄像片的傅立叶谱

二、影像数字化的过程

影像数字化过程包括采样与量化两项内容。

将传统的光学影像数字化得到的数字影像，或直接获取的数字影像，不可能对理论上的每一个点都获取其灰度值，而只能将实际的灰度函数离散化，对相隔一定间隔的"点"量测其灰度值，这种对实际连续函数模型离散化的量测过程就是采样，被量测的点称为采样点，样点之间的距离即采样间隔。采样后的灰度不连续的等间隔灰度序列，采样过程会给影像的灰度带来误差。例如相邻两个点的影像灰度的变化被丢失，亦即影像的细部受到损失，则采样间隔越小越好。但是采样间隔越小，数据量越大，增加了运算工作量和提高了对设备的要求。究竟如何确定采样间隔，应根据精度要求和影像的分解力，另外还要考虑到数据量和存储设备的容量。

（一）数字影像采样

在影像数字化或直接数字化时，这些被量测的"点"也不可能是几何上的一个点，而是一个小的区域，通常是矩形或圆形的微小影像块，即像素。现在一般取矩形或正方形，矩形（或正方形）的长与宽通常称为像素的大小（或尺寸），它通常等于采样间隔。因此，当采样间隔确定了以后，像素的大小也就确定了。在理论上采样间隔应由采样定理确定。

影像采样通常是间隔进行的。如何确定一个适当的采样间隔，可以对影像平面在空间域内和在频域内用卷积和乘法的过程进行分析。

现在就一维的情况说明其原理。

假设有图 7.5（a）所示的代表影像灰度变化的函数 $g(x)$ 从 $-\infty$ 延伸到 $+\infty$。$G(x)$ 的傅里叶变换为：

$$G(f) = \int_{-\infty}^{+\infty} g(x)\mathrm{e}^{-j2\pi f_x}\mathrm{d}x \qquad (7.2)$$

假设当频率 f 值超出区间 $[-f_1, f_1]$ 之外时等于零，其变换后的结果如图 7.5（b）所示。一个函数，如果它的变换对任何有限的 f_1 值有这种性质，则称之为有限带宽函数。

为了得到 $g(x)$ 的采样，我们用间隔为 Δx 的脉冲串组成的采样函数[见图 7.6（a）]乘以函

数 $g(x)$。采样函数的傅里叶变换为间隔 $\Delta f = 1/\Delta x$ 的脉冲串组成的函数[见图 7.6（b）]。

$$s(x) = \sum_{k=-\infty}^{+\infty} \delta(x - k\Delta x) = \mathrm{comb}_{\Delta x}(x) \tag{7.3}$$

$$S(f) = \Delta f \sum_{k=-\infty}^{+\infty} \delta(f - k\Delta f) = \mathrm{comb}_{\Delta f}(f) \tag{7.4}$$

即在 $\pm 1/\Delta x, \pm 2/\Delta x, \pm 3/\Delta x, \cdots$ 处有值。

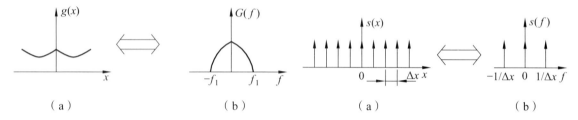

图 7.5 影像灰度变化的函数   图 7.6 采样函数

在空间域中采样函数 $s(x)$ 与原函数 $g(x)$ 相乘后到采样后的函数[见图 7.7（a）]为：

$$s(x)g(x) = g(x) \sum_{k=-\infty}^{+\infty} \delta(x - k\Delta x) = \sum_{k=-\infty}^{+\infty} g(k\Delta x)\delta(x - k\Delta x) \tag{7.5}$$

与此相对应，在频域中则应为经过变换后的两个相应函数的卷积，成为在 $1/\Delta x$，$2/\Delta x$，$\cdots$ 处每一处的影像谱形的复制品，如图 7.7（b）所示，这也是 $s(x)g(x)$ 的傅立叶变换。

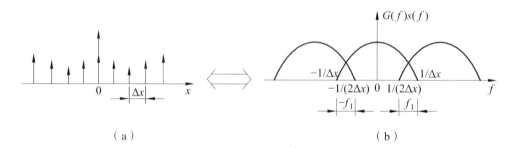

图 7.7 采样后的灰度与其傅里叶变换

如果量 $\dfrac{1}{2\Delta x}$ 小于其频率限值 f_1 时[见图 7.7（b）]，则产生输出周期谱形间的重叠，使信号变形，通常称为混淆现象。为了避免这个问题，选取采样间隔 Δx 时应满足：

$$\frac{1}{2\Delta x} \geqslant f_1 \quad \text{或} \quad \Delta x \leqslant \frac{1}{2f_1} \tag{7.6}$$

这就是 Shannon 采样定理，即当采样间隔能使在函数 $g(x)$ 中存在的最高频率中每周期取有两个样本时，则根据采样数据可以完全恢复原函数 $g(x)$。此时称 f_1 为截止频率或奈奎斯特（Nyquist）频率。

（二）数字影像量化

通过上述采样过程得到每个点的灰度值不是整数，这对于计算很不方便，为此，应将各点的灰度值取为整数，这一过程称为影像灰度的量化。

影像灰度的量化是把采样点上的灰度数值转换成为某一种等距的灰度级。其方法是将透明像片有可能出现的最大灰度变化范围进行等分，等分的数目称为"灰度等级"，然后将每个点的灰度值在其相应的灰度等级内取整，取整的原则是四舍五入。由于数字计算机中数字均用二进制表示，因此灰度级的级数 i 一般选用 2 的指数 m：

$$i = 2^m (m = 1, 2, \cdots, 8) \tag{7.7}$$

当 $m = 1$ 时，灰度只有黑白两级。当 $m = 8$ 时，则得 256 个灰度级（见图 7.8 和图 7.9），其级数是介于 0 与 255 之间的一个整数，0 为黑，255 为白。由于这种分级正好可用存储器中 1 byte（8 bit）表示，所以数字图像处理特别有利。量化过程会给影像的灰度带来"四舍五入"的凑整误差，其最大误差为 ±0.5 个密度单位。影像量化误差与凑整误差一样，其概率密度函数是在 ±0.5 之间的均匀分布，即

$$p(x) = \begin{cases} 1, & -0.5 \leqslant x \leqslant 0.5 \\ 0, & \text{其他} \end{cases} \tag{7.8}$$

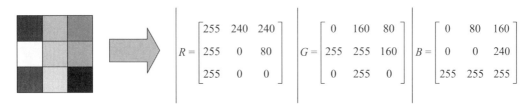

图 7.8　图像灰度级

图 7.9　不同灰度的影像

例如，将最大密度范围 0～3 划分为 64 级，最大量化误差为：

$$0.5 \times 3 \div 64 = 0.02$$

由此看出，量化误差与密度等级有关，密度等级越大，量化误差越小，但会增大数据量。

三、数字影像重采样

当欲知不位于矩阵（采样）点上的原始函数 $g(x，y)$ 的数值时就需要进行内插，此时称为重采样。意即在原采样的基础上再一次采样。每当对数字影像进行几何处理时总会产生这一问题，其典型的例子为影像的旋转、核线排列与数字纠正等。显然，在数字影像处理的摄影测量应用中常常会遇到一种或多种这样的几何变换，因此重采样技术对摄影测量学是很重要的。

根据采样理论可知，当采样间隔 Δx 等于或小于 $\frac{1}{2} f_1$，而影像中大于 f_1 的频谱成分为零时，则原始影像 $g(x)$ 可以由式（7.9）计算恢复：

$$
\begin{aligned}
g(x) &= \sum_{k=-\infty}^{+\infty} g(k\Delta x) \cdot \delta(x-\mathrm{d}\Delta x) \cdot \frac{\sin 2\pi f_1 x}{2\pi f_1 x} \\
&= \sum_{k=-\infty}^{+\infty} g(k\Delta x) \frac{\sin 2\pi f_1 (x-k\Delta x)}{2\pi f_1 (x-k\Delta x)}
\end{aligned}
\tag{7.9}
$$

但是这种算法比较复杂，所以常用一些简单的函数代替 sinc 函数。以下介绍三种常用的重采样方法。

（一）双线性插值法

双线性插值法的卷积核是一个三角形函数，表达式为

$$
W(x) = 1-(x),\ 0 \leqslant |x| \leqslant 1
\tag{7.10}
$$

可以证明，利用式（7.10）作卷积对任一点进行重采样与用 sinc 函数有一定的近似性，此时需要该点 P 邻近的 4 个原始像元素参加计算，如图 7.10 所示。图 7.10 中右侧表示（7.10）式的卷积核图形在沿 x 方向进行重采样时所应放的位置。

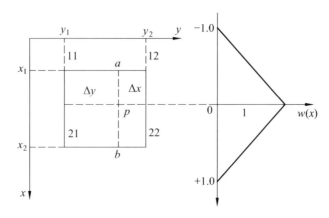

图 7.10　双线性插值法内插

计算可沿 x 方向和 y 方向分别进行。即先沿 y 方向分别对点 a，b 的灰度值重采样，再利用该 2 点沿 x 方向对 P 点重采样。在任一方向作重采样计算时，可使卷积核的零点与 P 点对齐，以读取其各原始像元素处的相应数值。实际上可以把两个方向的计算合为一个，即按上述运算过程，进整理归纳以后直接计算出 4 个原始点对点 P 所作贡献的"权"值，以构成一个 2×2 二维卷积核 W（权矩阵），把它与 4 个原始像元灰度值构成的 2×2 点阵 I 作哈达玛（Hadamarard）积运算得出一个新的矩阵。然后把这些新的矩阵元素相累加，即可得到重采样点的灰度值 $I(P)$：

$$I(P) = \sum_{i=1}^{2} \sum_{j=1}^{2} I(i,j) \cdot W(i,j) \tag{7.11}$$

式中
$$I = \begin{bmatrix} I_{11} & I_{12} \\ I_{21} & I_{22} \end{bmatrix}; \quad W = \begin{bmatrix} W_{11} & W_{12} \\ W_{21} & W_{22} \end{bmatrix}$$

$$W_{11} = W(x_1)W(y_1); \quad W_{12} = W(x_1)W(y_2)$$

$$W_{21} = W(x_2)W(y_1); \quad W_{22} = W(x_2)W(y_2)$$

而此时有
$$W(x_1) = 1 - \Delta x; \quad W(x_2) = \Delta x$$

$$W(y_1) = 1 - \Delta y; \quad W(y_2) = \Delta y$$

$$\Delta x = x - \mathrm{INT}(x)$$

$$\Delta y = y - \mathrm{INT}(y)$$

INT 表示取整。

点 P 的灰度重采样值为

$$\begin{aligned} I(P) &= W_{11}I_{11} + W_{12}I_{12} + W_{21}I_{21} + W_{22}I_{22} \\ &= (1-\Delta x)(1-\Delta y)I_{11} + (1-\Delta x)\Delta y I_{22} + \Delta x(1-\Delta y)I_{21} + \Delta x(1-\Delta y)I_{12} \end{aligned} \tag{7.12}$$

（二）双三次卷积法

卷积核也可以利用三次样条函数式，比较更接近于 $\mathrm{sin}c$ 函数。其函数值为

$$\left. \begin{aligned} W_1(x) &= 1 - 2x^2 + |x|^3, & 0 \leqslant |x| \leqslant 1 \\ W_2(x) &= 4 - 8|x| + 5x^2 - |x|^3, & 1 \leqslant |x| \leqslant 2 \\ W_3(x) &= 0, & 2 \leqslant |x| \end{aligned} \right\} \tag{7.13}$$

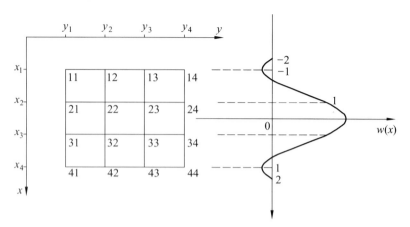

图 7.11　双三次卷积内插

利用式（7.13）作卷积核对任一点进行重采样时，需要该点四周 16 个原始像元素参加计算，如图 7.11 所示。图中右侧表示式（7.13）的卷积核图形在沿 X 方向进行重采样时所应放的位置。计算可沿 x，y 两个方向分别运算，也可以一次求得 16 个邻近点对重采样点 P 的贡献的"权"值。此时

$$I(P) = \sum_{i=1}^{4} \sum_{j=1}^{4} I(i, j) \cdot W(i, j) \tag{7.14}$$

$$I = \begin{bmatrix} I_{11} & I_{12} & I_{13} & I_{14} \\ I_{21} & I_{22} & I_{23} & I_{24} \\ I_{31} & I_{32} & I_{33} & I_{34} \\ I_{41} & I_{42} & I_{43} & I_{44} \end{bmatrix} ; \quad W = \begin{bmatrix} W_{11} & W_{12} & W_{13} & W_{14} \\ W_{21} & W_{22} & W_{23} & W_{24} \\ W_{31} & W_{32} & W_{33} & W_{34} \\ W_{41} & W_{42} & W_{43} & W_{44} \end{bmatrix}$$

其中　　　　　　　$W_{11} = W(x_1)W(y_1)$

$$\vdots$$

$$W_{44} = W(x_4)W(y_4)$$

$$W_{ij} = W(x_i)W(y_j)$$

由上述公式可得

$$x\text{方向：} \begin{cases} W(x_1) = W(1+\Delta x) = -\Delta x + 2\Delta x^2 - \Delta x^3 \\ W(x_2) = W(\Delta x) = 1 - 2\Delta x^2 + \Delta x^3 \\ W(x_3) = W(1-\Delta x) = \Delta x + \Delta x^2 - \Delta x^3 \\ W(x_4) = W(2-\Delta x) = -\Delta x^2 + \Delta x^3 \end{cases}$$

$$y\text{方向：} \begin{cases} W(y_1) = W(1+\Delta y) = -\Delta y + 2\Delta y^2 - \Delta y^3 \\ W(y_2) = W(\Delta y) = 1 - 2\Delta y^2 + \Delta y^3 \\ W(y_3) = W(1-\Delta y) = \Delta y + \Delta y^2 - \Delta y^3 \\ W(y_4) = W(2-\Delta y) = -\Delta y^2 + \Delta y^3 \end{cases}$$

$$\Delta x = x - \mathrm{INT}(x)$$
$$\Delta y = y - \mathrm{INT}(y)$$

利用上述三次样条函数重采样的中误差，约为双线性内插法的 1/3，但计算工作量增大。

（三）最邻近像元法

直接取与 $P(x，y)$ 点位置最近像元素 N 的灰度值为该点的灰度作为采样值，即

$$I(P) = I(N)$$

N 为最近点，其影像坐标值为

$$x_N = \mathrm{INT}(x + 0.5)$$
$$y_N = \mathrm{INT}(y + 0.5)$$

（7.15）

以上三种重采样方法以最近像元法最简单，计算速度快且能不破坏原始影像的灰度信息。但其几何精度较差，最大可达到 ± 0.5 像元。前两种方法几何精度较好，但计算时间较长，特别是双三次卷积法较费时，在一般情况下用双线性插值法较易。

第 3 节　数字影像相关

一、影像相关原理

最初的影像匹配采用了相关技术，由于原始像片中的灰度信息可以转换为电子、光学或数字等不同形式的信号，因而可构成电子相关、光学相关或数子相关等不同的相关方式。但是，无论是电子相关、光学相关还是数子相关，其理论基础是相同的，即影像相关。

影像相关是利用两个信号的相关函数，评价他们的相似性以确定同名点。即首先取出以待定点为中心的小区域中的影像信号，然后取出其在另一影像中相应区域的影像信号，计算两者的相关函数，以相关函数最大值对应的相应区域中心点为同名点，即以影像信号分布最相似的区域为同名区域。同名区域的中心点为同名点，这就是自动化立体量测的基本原理。

数字相关是利用计算机对数字影像进行数值计算的方式完成影像的相关（或匹配）。数字相关的算法除了相关函数外，他们都是根据一定的准则，比较左右影响的相似性来确定其是否为同名影像块，从而确定相应像点。

数字相关可以是在线进行，也可以是离线进行。一般情况下它是一个二维的搜索过程。1972 年，Masry，Helava 和 Chapelle 等人引入了核线相关原理，化　维搜索为一维搜索，大大提高了相关的速度，使数字相关技术在摄影测量中的应用得到了迅速发展。

二、二维相关

二维相关一般是在左影像上先确定一个待定点，称为目标点，以此待定点为中心选区 $m \times n$（可取 $m = n$）个像素的灰度阵列作为目标区域或称为目标窗口。为了在右影像上搜索同名像点，必须估计出该同名像点可能存在的范围，建立一个 $k \times l (k > m，l > n)$ 个像素的灰度阵列作为搜索区，相关的过程就是依次在搜索区中取出 $m \times n$ 个像素灰度阵列（搜索窗口通常取 $m = n$），计算其与目标区域的相似性测度：

$$\rho_{ij}(i = i_0 - \frac{l}{2} + \frac{n}{2}, \cdots, i_0 + \frac{l}{2} - \frac{n}{2}; \quad j = j_0 - \frac{k}{2} + \frac{m}{2}, \cdots, j_0 + \frac{k}{2} - \frac{m}{2}), (i_0, j_0)$$

其中，i_0，j_0 为搜索区中心像素，如图 7.12 所示。当 ρ 取最大值时，该搜索窗口的中心像素被认为是同名像点，即当满足式（7.16）时，则（c，r）为同名像点（有的相似性测度可能是取最小值）。

$$\rho_{c, r} = \max \left\{ \rho_{ij} \left| \begin{array}{l} i = i_0 - \frac{l}{2} + \frac{n}{2}, \cdots, i_0 + \frac{l}{2} - \frac{n}{2} \\ j = j_0 - \frac{k}{2} + \frac{m}{2}, \cdots, j_0 + \frac{k}{2} - \frac{m}{2} \end{array} \right. \right\} \tag{7.16}$$

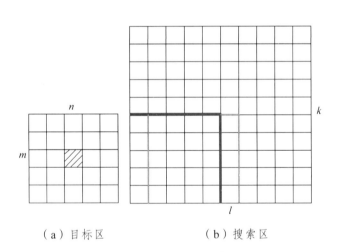

（a）目标区　　　　　　　（b）搜索区

图 7.12　目标区与搜索区

三、一维相关

一维相关是在核线影像上只进行一维搜索。理论上，目标区与搜索区均可以是一维窗口。但是，由于两影像窗口的相似性测度一般是统计量，为了保证相关结果的可靠性，应有较多的样本进行估计，因而目标窗口中的像素不应太少。另一方面，若目标区长，由于一般情况下灰度信号的重心与几何重心并不重合，相关函数的高峰值总是与最强信号一致，加之影像的几何变形，这就会产生相关误差。因此一维相关目标区的选区一般应与二维相关时相同，取一个以待定点为中心，$m \times n$（通常可取 $m = n$）个像素的窗口。此时搜索区为 $m \times 1（1 > n）$ 个像素的灰度阵列，搜索工作在一个方向进行，即计算相似性测度

$$\rho_i \left(i = i_0 - \frac{l}{2} + \frac{n}{2}, \cdots, i_0 + \frac{l}{2} - \frac{n}{2} \right) \tag{7.17}$$

当 $\rho_c = \max \left\{ \rho_i \middle| i = i_0 - \frac{l}{2} + \frac{n}{2}, \cdots, i_0 + \frac{l}{2} - \frac{n}{2} \right\}$ 时，$（c, j_0）$ 为同名点，如图 7.13 所示，其中 $（i_0, j_0）$ 为搜索中心。

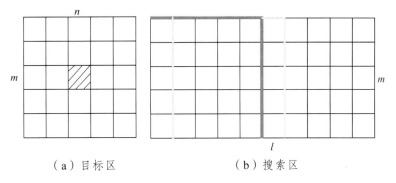

（a）目标区　　　　　　　　（b）搜索区

图 7.13　一维相关目标区与搜索区

第 4 节　核线相关与同名核线的确定

一、核线相关

核线相关是一种一维相关，其目标区和搜索区分别位于左、右同名核线上，均为一维的影像窗口，目的是沿同名核线搜索同名点。在左核线上建立一个目标区，该目标区中心就是目标点，目标区的长度为 n 个像元素（n 为奇数）；另在右片上沿同名核线建立搜索区，其长度为 m 个像元素，如图 7.14 所示。为找同名点，可计算有关相关系数，并取最大值所对应的目标区的中心点为最终的同名点。

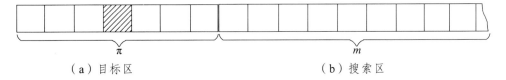

（a）目标区　　　　　　　　　　　　（b）搜索区

图 7.14　一维相关目标区与搜索区

二、确定同名核线的方法

确定同名核线的方法很多，但基本上可以分为两类：一是基于数字影像的几何纠正；二是基于共面条件。

（一）基于数字影像的几何纠正的核线解析关系

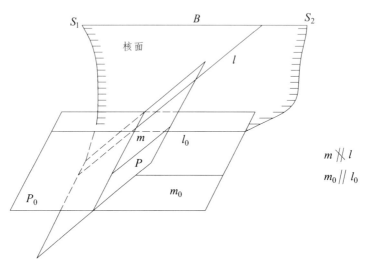

图 7.15 倾斜与"水平"像片

我们知道，核线在航空摄影像片上是相互不平行的，他们交于一个点——核点。但是，如果将像片上的核线投影（或称为纠正）到一对"相对水平"像片对上——平行于摄影基线的像片对，则核线相互平行。如图 7.15 所示，以左片为例，P 为左片，P_0 为平行于摄影基线 B 的"水平"像片。l 为倾斜像片上的核线，l_0 为核线 l 在"水平"像片上的投影。设倾斜像片上的坐标系为 $x，y$；"水平"像片上的坐标系为 u-v，则

$$\left.\begin{aligned} x=-f\cdot\frac{a_1u+b_1v-c_1f}{a_3u+b_3v-c_3f}\\ y=-f\cdot\frac{a_2u+b_2v-c_2f}{a_3u+b_3v-c_3f} \end{aligned}\right\} \tag{7.18}$$

显然在"水平"像片上，当 b=常数时，则为核线，将 $v=c$ 代入式（7.18），经整理得

$$\left.\begin{aligned} x=\frac{d_1u+d_2}{d_3u+1}\\ y=\frac{e_1u+e_2}{e_3u+1} \end{aligned}\right\} \tag{7.19}$$

若以等间隔取一系列的 u 值 $k\Delta$，$(k+1)\Delta$，$(k+2)\Delta$，… 即解求得一系列的像点坐标（x_1，y_1），（x_2，y_2），（x_3，y_3），…。这些像点就位于倾斜像片的核线上，若将这些像点经重采样后

的灰度 $g(x_1, y_1)$，$g(x_2, y_2)$，…直接赋给"水平"像片上相应的像点，就能获得"水平"像片上之核线，即

$$g(k\Delta, c) = g(x_1, y_1)$$
$$g((k+1)\Delta, c) = g(x_2, y_2)$$
$$\vdots$$

由于在"水平"像片对上，同名核线的 v 坐标值相等，因此将同样的 $v' = c$ 代入右片共线方程，即能获得在右片上的同名核线。

$$x' = -f \cdot \frac{a'_1 u' + b'_1 v' - c'_1 f}{a'_3 u' + b'_3 v' - c'_3 f} \quad \left.\begin{array}{}\\\\\end{array}\right\}$$
$$y' = -f \cdot \frac{a'_2 u' + b'_2 v' - c'_2 f}{a'_3 u' + b'_3 v' - c'_3 f} \quad \left.\begin{array}{}\\\\\end{array}\right\} \qquad (7.20)$$

由以上分析可知，此方法的实质是数字纠正，将倾斜像片上的核线投影（纠正）到"水平"像片对上，求得"水平"像片对上的同名核线。

（二）基于共面条件的同名核线几何关系

这一方法是直接从核线的定义出发，不通过"水平"像片做媒介，直接在倾斜像片上获取同名核线，其原理如图 7.16 所示。现在问题是：若已知左片上任意一个像点 $p(x_0, y_0)$ 怎样确定左片上通过该点之核线 l 以及右片上的同名核线 l'。由于核线在像片上是直线，因此上述问题可以转化为确定左核线上的另外一个点，如图 7.16 中的 $q(x, y)$，与右同名核线上的两个点，如图 7.16 中 p'，q'。注意，这里并不要 p 与 p' 或 q 与 q' 是同名点。

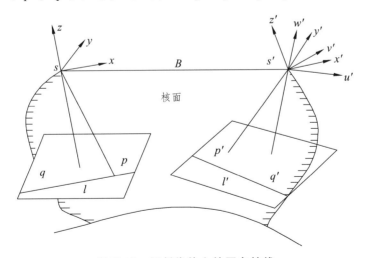

图 7.16　倾斜像片上的同名核线

由于同名核线上的点均位于同一核面上，既满足共面条件：

$$\vec{B} \cdot (\overrightarrow{Sp} \times \overrightarrow{Sq}) = 0$$

或
$$\begin{vmatrix} B_X & B_Y & B_Z \\ x_p & y_p & -f \\ x & y & -f \end{vmatrix} = 0$$

由此可求得左影像上通过 p 点的核线上任意一个点的 y 坐标：

$$y = \frac{A}{B}x + \frac{C}{B}f \tag{7.21}$$

式中：

$$A = f \cdot B_Y + y_p \cdot B_Z$$

$$B = f \cdot B_X + y_p \cdot B_Z$$

$$C = y_p \cdot B_X - x_p \cdot B_Y$$

为了获得右影像上同名核线上任一个像点，如图 5.3.4 中 p'，可将整个坐标系统绕右摄站中心 S' 旋转至 $\mu'\omega'\nu'$ 坐标系统中，因此可用上式相似的公式求得右核线上的点（u', v'）：

$$\begin{vmatrix} -u'_s & -v'_s & -w'_s \\ u'_p & v'_p & -w'_p \\ u' & v' & -f \end{vmatrix} = 0$$

得
$$v' = (A'/B')u' + (C'/B')f \tag{7.22}$$
式中

$$A' = v'_p w'_S - w'_P v'_S$$

$$B' = u'_p w'_S - w'_P u'_S$$

$$C' = v'_p w'_S - u'_P v'_S$$

$$\begin{bmatrix} u'_p & v'_p & w'_p \end{bmatrix} = \begin{bmatrix} x_p & y_p & -f \end{bmatrix} M_{21}$$

$$\begin{bmatrix} u'_S & v'_S & w'_S \end{bmatrix} = \begin{bmatrix} B_x & B_y & B_z \end{bmatrix} M_{21}$$

其中，M_{21} 是旋转矩阵。

若采用独立像对相对方位元素系统，也可得相类似的结果。由于在此系统中 $B_Y = B_Z = 0$，所以共线方程为

$$\begin{vmatrix} v_p & w_p \\ v & w \end{vmatrix} = 0 \tag{7.23}$$

式中，v，w 为像点的空间坐标：

$$v = b_1 x + b_2 y - b_3 f$$

$$w = c_1 x + c_2 y - c_3 f$$

代入（7.23）式可得

$$y = \frac{u_p(c_1 x - c_3 f) - w_p(b_1 x - b_3 f)}{b_2 w_p - c_2 v_p} \tag{7.24}$$

同理可得右影像上同名核线的两个像点的坐标。

三、核线重采样

在解析测图仪上所安装的核线扫描系统（如 AS-11-BX，RASTAR），多是采用硬件控制，利用上述的解析关系，将扫描线直接对准同名核线。但是在一般情况下数字影像的扫描行与核线并不重合，为了获取核线的灰度序列，必须对原始数字影像灰度进行重采样。

如图 7.17 所示，图（a）为原始（倾斜）影像的灰度序列；图（b）为待定的水平与基线的水平像片的影像。将水平像片上的坐标（u，v）反算到原始像片上的坐标（x，y）。但是，由于所求得的像点不一定恰好落在原始采样的像元中心，这就必须进行灰度内插——重采样。

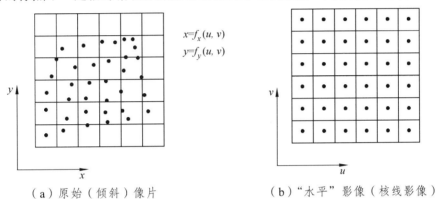

$x=f_x(u, v)$

$y=f_y(u, v)$

（a）原始（倾斜）像片　　　　　　（b）"水平"影像（核线影像）

图 7.17　基于"水平"影像获取核线影像

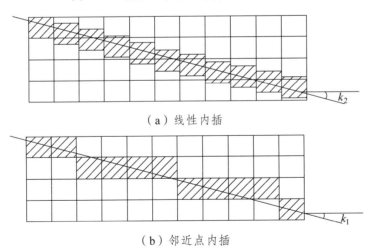

（a）线性内插

（b）邻近点内插

图 7.18　在倾斜像片上排列核线

按共面条件确定像片上核线的方向：$\tan k = \dfrac{\Delta y}{\Delta x}$

从而根据核线一个起点坐标及方向 K，就能确定核线在倾斜像片上的位置，如图 7.18（a）表示采用线性内插所得的核线上的像素灰度：$d = \dfrac{1}{\Delta}[(\Delta - y_1)d_1 + y_1 d_2]$

显然，其计算工作量要比双线性内插要小得多，若采用邻近点法[见图 7.18（b）]，则无须进行内插。由于对此核线而言 K 是常数，这说明只要从每条扫描线上取出 n 个像元素（$n = \dfrac{1}{\tan K}$）拼起来，就能获得核线，沿核线进行像元素的重排列，从而极大的提高了核线排列的效率。由此所产生的像元素在 Y 方向之移位，最大是 0.5 像元，其中误差：

$$m_Y = \int_{-0.5}^{+0.5} X^2 \mathrm{d}X = \pm 0.29$$

像元素在 x 方向不产生位移。因此由此所产生的相关结果误差（左、右视差之误差）是很小的。

第 5 节　数字摄影测量系统

一、数字摄影测量系统的概述

在数字摄影测量研究的早期，许多研究者在解析测图仪或坐标仪上附加影像数字化装置及影像匹配等软件，构成在线自动测图系统。这些系统只对所处理的局部影像数字化，可以不需大容量的计算机内存与外存。例如早期的 AS-11B-X、GPM 以及 RASTAR 系统均属于此类。这些系统的共同特点是采用专门的硬件数字化相关系统，速度快，但其算法已被固化，无法修改。随着计算容量的加大和运算速度的加快，可以在常规民用解析测图仪上附加全部由软件实现的数字相关系统，这种在解析测图仪（或坐标仪）上加装 CCD 数字相机的系统属于混合型数字摄影测量工作站。著名的混合数字摄影测量工作站还有美国的 DCCS 与日本 TOPCON 的 PI-1000。

全数字型的数字摄影测量系统首先将影像完全数字化，而不是像在混合星系统中只对影像做部分数字化。这种系统无需精密光学机械部件，可集数据获取、存储、处理、管理、成果输出为一体，在单独的一套系统中即可完成所有摄影测量任务，因而有人建议把它称为"数字测图仪"。由于它可产生三维图示的形象化产品，其应用将远远超过传统摄影测量的范畴，因此人们更倾向于称其为数字摄影测量工作站（DPW）或软拷贝（Softcopy）摄影测量工作站，甚至更简单、更概括的称之为数字站。数字立体测图仪的概念是 Sarjakoski 于 1981 年首先提出来的，但第一套全数字摄影测量工作站是 20 世纪 60 年代在美国建立的 DAWC。20世纪 80 年代以来，由于计算机技术的飞速发展，许多数字摄影测量工作站相继建立，早期较著名的数字摄影测量工作站有：

Helava：DPW610/650/710/750；Zeiss：PHODIS；Intergraph：ImageStaion；武汉适普公司：VirtuoZo 数字摄影测量工作站（见图 7.19）；北京四维远见信息技术有限公司：JX-4C 数字摄影测量工作站（见图 7.20）；武汉航天远景 MapMatrix 数字摄影测量工作站（见图 7.21）。

（一）JX-4C 数字摄影测量工作站

JX-4C 是北京四维远见信息技术有限公司刘先林院士主持研发，其显著特点是：有一个极好的立体交互手段使其立体观测效果不亚于进口解析，加上手轮、脚盘、脚踏开关后成为一台彻头彻尾的解析测图仪。JX-4C 不仅是一台解析测图仪，面向影像的各种算法被加进去后使其可以实现半自动或手动定向，有效监督下的相关算法计算出成千上万的 DEM，测图方式下的实时相关，实时边界提取，使 DEM、DLG 生产过程中，劳动强度下降，由于立体的图形可以叠加至影像立体上去并且可以硬件放大、缩小、漫游，为 DEM 的立体编辑，DLG 的立体套合查漏创造了有利条件，JX-4C 一个最显著的特点是：具有强大的立体编辑功能和产品质量的可视化检查。

图 7.19　VirtuoZo 数字摄影测量工作站

图 7.20　JX-4C 数字摄影测量工作站

图 7.21　MapMatrix 数字摄影测量工作站

（二）VirtuoZo 数字摄影测量工作站

VirtuoZo 由武汉大学教授张祖勋院士主持研究开发，其特点如下：① 一个全软件化设计、功能齐全和高度智能化的全数字摄影测量系统。② 高度自动化：影像的内定向、相对定向、影像匹配、建立 DEM、由 DEM 提取等高线和制作正射影像等操作，基本上不需要人工干预，可以批处理地自动进行。③ 高效率：相对定向只需 1～2 min，匹配同名点的速度达到每秒 500 点以上。④ 灵活性：系统提供了"自动化"和"交互处理"两种作业方式。用户可以根据具体情况灵活选择。⑤ 通用性：系统不仅能基于航空影像生产从 1∶50000 到 1∶500 各种比例尺的 4D 产品（DEM、DOM、DLG 和 DRG），还能处理近景影像、中等分辨率的卫星影像（如：SPOT、TM 等卫星影像）、IKONOS 卫星影像、QuickBird 卫星影像和可量测数码相机影像。⑥ 采集三维基础地理信息的理想平台：基于 MicroStation 软件开发的数字测图接口模 Vlink，实现了 VirtuoZo 和 MicroStation 之间的实时数据通讯。它在 MicroStation 基本功能的基础上针对测图生产的实际情况增加了新功能，形成了一个采编一体化的数字测图系统。

（三）MapMatrix 数字摄影测量工作站

MapMatrix 是由航天远景公司潜心研发的新型数字摄影测量平台，和传统的数字摄影测量工作站相比，具备以下优势：作业过程自动化、采编入库一体化、数据处理海量化（TB 级）。支持从星载到机载（包括无人机），热气球成像的诸多数据源。使用多核处理技术、网络化并行处理技术、GPU 加速技术以及计算机视觉领域的最新成果，将摄影测量作业从传统的工作站模式提升到现代的网络化集群计算模式。MapMatrix 是中国成长最快的数字摄影测量平台。

目前国内的单位大部分使用的都是国产的 VirtuoZo、JX-4C 和 MapMatrix 数字摄影测量工作站，三者的工作流程大体相同，下面以 VirtuoZo 数字摄影测量工作站为对象，来讲解数字摄影测量工作站立体测图的作业步骤。

二、数字摄影测量系统的立体测图

（一）数字摄影测量工作站立体测图的作业流程（见图 7.22）

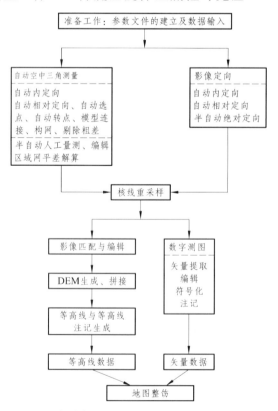

图 7.22　数字摄影测量工作站立体测图作业流程

（二）数字摄影测量工作站立体测图的作业步骤

1. 测区参数文件的建立及数据输入

第 1 步：资料分析。包括控制点数据、相机参数、原始影像的分辨率与像片比例尺等。

第 2 步：创建新测区。

在 VirtuoZo 系统中，测区的概念可以理解为一个区域，也可以是一个图幅范围内的所有像对，甚至只是一个立体像对。本次实验的测区名为【shixi】，在 VirtuoZo NT 主菜单中，选择设置→测区参数项，屏幕显示【打开或创建一个测区文件】对话框，输入测区名即【shixi】，进入测区参数界面，如图 7.23 所示。

测区参数输入要求如下：

（1）测区目录和文件。

主目录：输入测区路径和测区名，即 F：\<shixi>。本系统自动在 D 盘建立名为【shixi】文件夹。

控制点文件：输入控制点文件名，即 F：\ shixi \shixi.ctl。

加密点文件：输入与上行相同，即 F：\ shixi\shixi.ctl。

相机检校文件：输入 F：\ shixi \Rc10.cmr。

（2）基本参数。

摄影比例：输入 "30000"；航带数：输入 "1"；影像类型：选择 "量测相机"。

（3）缺省测区参数。

DEM 间隔：10 m；等高线间距：5 m；分辨率（DPI）：254（即正射影像的输出分辨率）。

（4）选择【保存】按钮，将测区参数存盘。其参数文件存放在【shixi】文件夹中。

第 3 步：设置测区参数文件。

根据实际情况可以进行测区参数的修改。

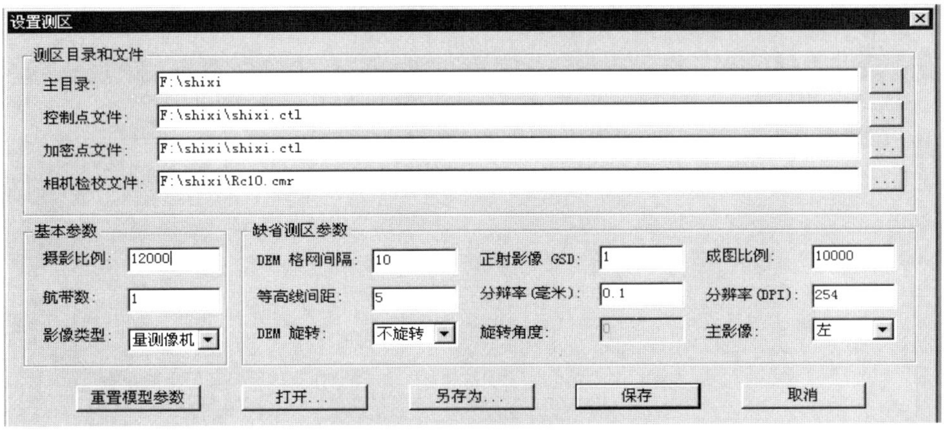

图 7.23　测区参数界面

第 4 步：录入相机参数。

相机检校数据用以做内定相计算。在 VirtuoZo NT 主菜单中，选择设置→相机参数项，屏幕弹出相机参数界面，如图 7.24 所示（注意：若新建时，界面中无参数，请输入）。

相机检校文件名是在测区参数中生成的，即 "Rc10.cmr"。

本次实验的相机数据为：由上已知资料的相机数据，在输入处双击鼠标左键，将相机数据对应填写到本界面中，如图 7.24 所示。选择【确定】按钮，将参数存盘。

第 5 步：录入控制点数据。

控制点参数用以绝对定向计算。在 VirtuoZo NT 主菜单中，选择设置→地面控制点项，屏幕显示当前控制点文件，如图 7.25 所示（注意：若新建时，界面中无参数，请输入）。

控制点文件名是在测区参数中生成的，即 "shixi.ctl"。

由上已知资料控制点数据，在输入处双击鼠标左键，将控制点数据依次填写到本界面中，如图 7.26 所示。选择【确定】按钮，将控制点参数存盘。

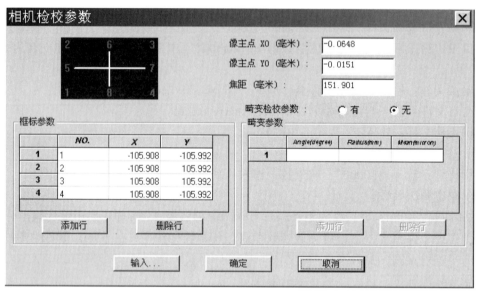

图 7.24　相机检校参数界面

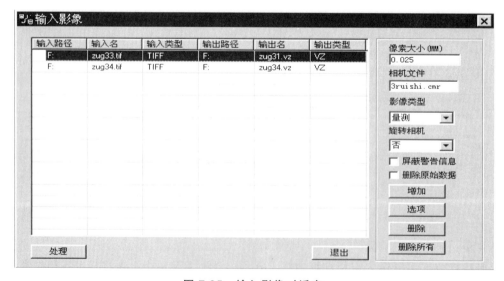

图 7.25　输入影像对话窗

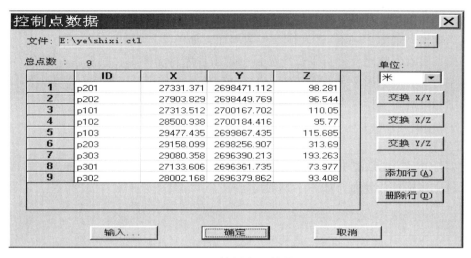

图 7.26 控制点文件界面

第 6 步：原始影像的数据格式转换。

本次实验所采用的原始资料是由航片经扫描而获得的数字化影像，为 tif 格式，必须转换为*.vz 的格式。在 VirtuoZo NT 主菜单中，选择文件→引入→影像文件项，屏幕显示输入影像对话窗（如图 7.26 所示）。

在其窗中选择:输入路径、输入影像文件名、输入（*.tif）与输出影像文件名（*.vz）与路径（测区目录下的 images 分目录）等。然后，选择处理按钮，即将*.tif 文件转换为*.vz 文件，并将*.vz 文件存放在测区目录下的 images 分目录中。

2. 模型定向与生成核线影像

第 1 步：创建新模型。

新模型指尚未在当前测区建立目录的模型，作业要从创建模型开始。在当前测区"shixi.blk"创建 37-38 模型。

图 7.27 模型参数界面

在系统主菜单中，选择文件→打开模型项，屏幕显示【打开或创建一个模型】文件对话框，输入当前模型名即 37-38，进入模型参数界面，如图 7.27 所示。

其中模型目录、临时文件目录、产品目录均由程序自动产生，只需在左影像、右影像栏分别引入左影像名及右影像名。影像匹配窗口和间距一般相同（其参数为奇数，最小值为 5）。模型参数填写好后，选择保存按钮即可。

第 2 步：自动内定向。

① 建立框标模板。

当模型打开后，在系统主菜单中，选择处理→定向→内定向项，程序读入左影像数据后，屏幕显示建立框标模板界面，如图 7.28 所示。

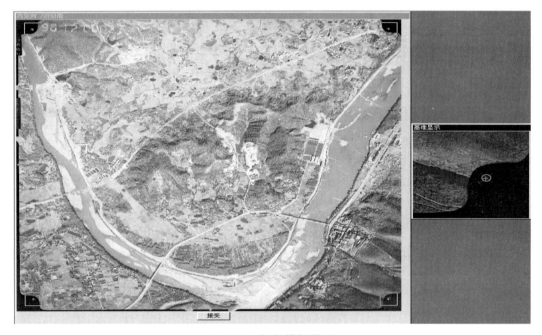

图 7.28　框标模板界面

界面右边小窗口为某个框标的放大影像，其框标中心点清晰可见。界面左窗口显示了当前模型的左影像，若影像的四角的每个框标都有红色的小框围住，框标近似定位成功。

若小红框没有围住框标，则需进行人工干预：移动鼠标将光标移到某框标中心，单击鼠标左键，使小红框围住框标。依次将每个小红框围住对应的框标后，框标近似定位成功。选择界面左窗口下的接受按钮。

② 左影像内定向。

框标模板建立完成后，进入内定向界面，如图 7.29 所示。

该界面显示了框标自动定位后的状况。可选择界面中间小方块按钮将其对应的框标放大显示于右窗口内，观察小十字丝中心是否对准框标中心，若不满意可进行调整。

框标调整有自动或人工两种方式：

自动方式：选择自动按钮后，移动鼠标在左窗口中的当前框标中心点附近单击鼠标左键，小十字丝将自动精确对准框标中心。

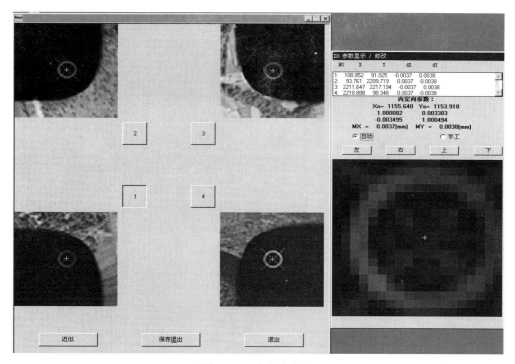

图 7.29　内定向界面

人工方式：若自动方式失败，则可选择人工按钮，移动鼠标在左窗口中的当前框标中心点附近单击鼠标左键，再分别选择上、下、左、右按钮，微调小十字丝，使之精确对准框标中心。

注意：调整中应参看界面右上方的误差显示，当达到精度要求后，选择保存退出按钮。

③ 右影像内定向。

左影像内定向完成后，程序读入右影像数据，对右影像进行内定向，具体操作同上。至此一个新模型的内定向完成。程序返回系统主界面。紧接着可进行模型的相对定向。

第 3 步：自动相对定向。

① 进入相对定向界面。

在系统主菜单中，选择处理→定向→相对定向项，系统读入当前模型的左右影像数据，屏幕显示相对定向界面，如图 7.30 所示。

② 自动相对定向。

单击鼠标右键，弹出菜单，选择自动相对定向，程序将自动寻找同名点，进行相对定向。完成后，影像上显示相对定向点（红十字丝）。

③ 检查与调整。

在界面的定向结果窗中显示相对定向的中误差等。拉动定向结果窗的滚动条可看到所有相对定向点的上下视差。如某点误差过大，可进行调整（删除或微调）。

删除点：选中（将光标置于定向结果窗中该点的误差行再点击鼠标左键）要删除的点后，选择界面上的删除点按钮，删除该点。

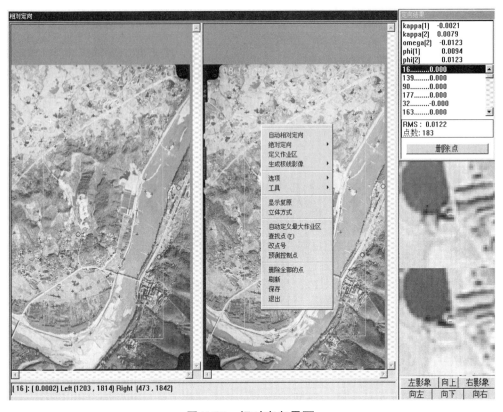

图 7.30　相对定向界面

微调点：选中（将光标置于定向结果窗中该点的误差行再击鼠标左键）要微调的点后，分别选界面右下方的左影像或右影像按钮，然后对应按钮上方的两个点位影像放大窗中的十字丝，分别点击向上、向下、向左、向右按钮，使左、右影像的十字丝中心位于同一影像点上。

注意：调整中应参看定向结果窗中的误差显示，以保证精度要求。当达到精度要求后，单击鼠标左键弹出菜单，选择保存，则相对定向完成。

第4步：自动绝对定向。

① 量测控制点。

在相对定向的界面下，按照控制点的真实地面位置中的图片点位，在影像上逐个量测。其量测方法一般采用半自动量测，分述如下：

半自动量测：移动鼠标将光标对准左影像上的某个控制点的点位，单击左键弹出该点位放大影像窗。再将光标移至点位放大影像窗，精确对准其点位单击鼠标左键，程序自动匹配到右影像的同名点后，弹出该点位的右影像放大窗以及点位微调窗。在点位微调窗中可以鼠标左键点击左或右影像的微调按钮，精确调整点位直至满意。在点位微调窗中的点号栏中输入当前所测点的点号，然后选择确定按钮，则该点量测完毕。此时该点在影像上显示黄色十字丝。按以上操作依次量测三个控制点后（三个控制点不能位于一条线上），可进行控制点预测，即单击鼠标右键弹出菜单，选择预测控制点。随即影像上显示出几个蓝色小圈，以表示待测控制点的近视位置。然后继续量测蓝圈所示的待测控制点。

② 绝对定向计算。

控制点量测完后，单击鼠标右键弹出菜单，选择绝对定向→普通方式，随即在定向结果窗中显示绝对定向的中误差及每个控制点的定向误差。另弹出控制点微调窗（见图 7.31），窗中显示当前控制点的坐标，且设置了立体下的微调按钮。

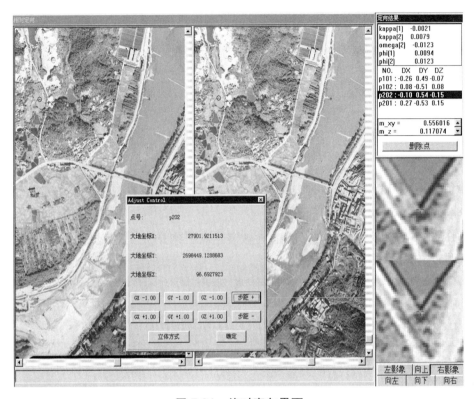

图 7.31　绝对定向界面

③ 检查与调整。

根据误差显示可知绝对定向的精度如何，若某控制点误差过大，则可进行微调。

其微调方法与步骤如下：在定向结果窗中对某控制点误差行单击鼠标左键，选中该点，弹出该控制点的微调窗。

注意：在操作中随时参看定向结果窗中的误差变化，以确保控制点位和计算精度要求。

选中另一个需调整的点，进行微调。所需调整的点均完成后，选择控制点微调窗中的确定按钮，程序返回相对定向界面。至此，绝对定向完成。

第 5 步：生成核线影像。

① 定义作业区。

在相对定向界面，单击鼠标右键弹出菜单，选择全局显示，界面显示模型的整体影像，然后再弹出菜单，选择定义作业区，随之将光标移至右影像窗中，置于作业区左边一角点处，按下鼠标左键，然后拖动鼠标朝对角方向移动，当屏幕显示的绿色四边形框符合作业区范围时，停止拖动，松开鼠标左键，则作业区定义好，显示为绿色四边形框。如果在弹出的菜单中，选择自动定义最大作业区，程序将自动定义一个最大作业区。

② 生成核线影像。

单击鼠标右键弹出菜单，选择生成核线影像→非水平核线，程序依次对左、右影像进行核线重采样，生成模型的核线影像。

③ 退出。

单击鼠标右键弹出菜单，选择保存，在弹出的菜单中选择退出，然后回答界面上的提示，程序退出相对定向的界面，回到系统主界面。

至此，该模型的内定向、相对定向、绝对定向及核线影像生成均已完成。同样，接着可以建立第二个模型。

3. 自动影像匹配

在 VirtuoZo NT 主菜单中，选择菜单处理→影像匹配项，出现影像匹配计算的进程显示窗口，自动进行影像匹配。

4. VirtuoZo NT 软件 DLG 制作

第1步：进入测图界面。

在 VirtuoZo 主菜单中，单击测图→IGS 数字化测图菜单项，进入测图模块，系统弹出测图窗口（见图 7.32）。

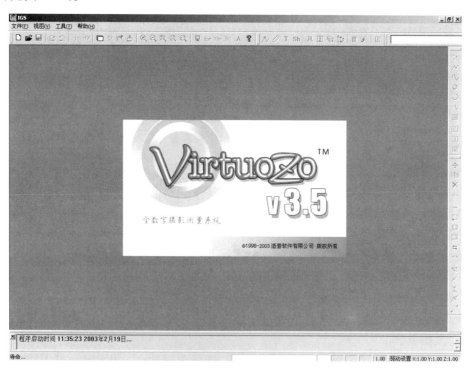

图 7.32　测图窗口

第2步：新建一个测图文件。

单击文件→新建 Xyz 文件菜单项，系统弹出新建 IGS 文件对话框，输入一个新的*.xyz文件名，系统弹出地图参数对话框（见图 7.33）。

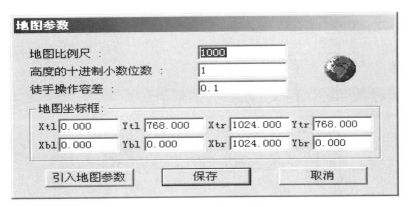

图 7.33　地图参数对话框

地图比例尺：设置相应的成图比例尺。

高度的十进制小数位数：设置显示高程值的小数保留位数。

徒手操作容差：设置流曲线点的数据压缩比例。设置的数值越大，最后的保留点位越少，但设置的最大数值不能超过"1"。

地图坐标框：如果已知矢量图的坐标范围，可直接在地图坐标框的各个文本框中输入相应的坐标范围。如表 7.1 所示。

表 7.1　地图坐标框

Xtl	左上角 X 坐标	Ytl	左上角 Y 坐标	Xtr	右上角 X 坐标	Ytr	右上角 Y 坐标
Xbl	左下角 X 坐标	Ybl	左下角 Y 坐标	Xbr	右下角 X 坐标	Ybr	右下角 Y 坐标

在对话框中输入各项测图参数，单击保存按钮后，将创建一个新的测图文件。此时系统弹出矢量图形窗口，并显示其图廓范围（红色框）（见图 7.34）。

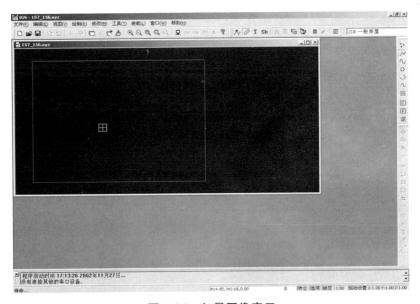

图 7.34　矢量图像窗口

第 3 步：打开一个测图文件。

单击文件→打开菜单项，系统弹出打开对话框，选择一个 .xyz 文件，单击打开按钮，系统打开一个矢量窗口显示该矢量文件（见图 7.35）。

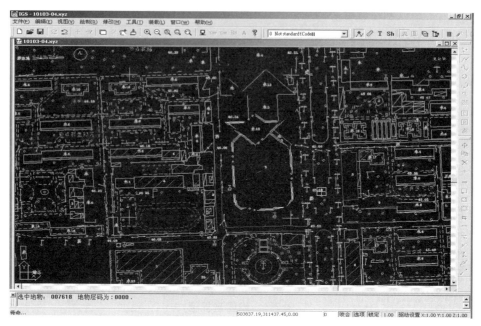

图 7.35 矢量文件窗口

第 4 步：装载立体模型。

注意：只有当打开了测图文件后，方可装载立体模型。

在 IGS 主界面中单击→装载立体模型菜单项，在系统弹出的对话框中选择一个模型文件（*.mdl 或 *.ste），单击打开按钮，系统弹出影像窗口，显示立体影像（见图 7.36）。

图 7.36 立体影像窗口

第 5 步：地物的测绘。

① 输入地物特征码。

每种地物都有各自的标准测图符号，而每种测图符号都对应一个地物特征码。数字化量测地物时，首先要输入待测地物的特征码。

方法一：直接输入其数字号码。若用户已熟记了特征码，可在状态栏的特征码显示框中输入待测地物的特征码。

方法二：单击图标 **Sh**，在弹出的对话框中选择地物特征码。

② 进入量测状态。

有两种方式可进入量测状态：

方式一：按下图标 ✏️，可进入量测状态。

方式二：单击鼠标右键，在编辑状态和量测状态之间切换。

③ 选择线型和辅助测图功能。

地物特征码选定后，可进行线型选择和辅助测图功能的选择。

a. 选择线型：IGS 根据符号的形状，将之分为七种类型（统称为线型）。在绘制工具栏中有这七种类型的图标，其含义说明如下：

点：用于点状地物，即只需单点定位的地物，只记录一个点。

折线：用于折线状地物，如多边形、矩形状地物等，记录多个节点。

曲线：用于曲线状地物，如道路等，记录多个节点。

圆：用于圆形状地物，记录三个点。

圆弧：用于圆弧状地物，记录三个点。

手画线：用于小路、河流等曲线地物，可加快量测速度，按数据流模式记录。

隐藏线：只记录数据不显示图形，用于绘制斜坡的坡度线等。

选择了一种地物特征码以后，系统会自动将该特征码所对应符号的线型设置为缺省线型（定义符号时已确定），表现为绘制工具栏中相应的线型图标处于按下状态，同时该符号可以采用的线型的图标被激活（定义符号时已确定）。在量测前，用户可选择其中任意一种线型开始量测，在量测过程中用户还可以通过使用快捷键切换来改变线型，以便使用各种线型的符号来表示一个地物。

b. 选择辅助测图功能：系统提供的辅助测图功能，可使地物量测更加方便。可通过绘制菜单、快捷键或绘制工具栏图标来启动或关闭辅助测图功能。具体说明如下：

自动闭合：启动该功能，系统将自动在所测地物的起点与终点之间连线，自动闭合该地物。

自动直角化与补点：对于房屋等拐角为直角的地物，启动直角化功能，可对所测点的平面坐标按直角化条件进行平差，得到标准的直角图形。对于满足直角化条件的地物，启动自动补点功能，可不量测最后一点，而由系统自动按正交条件进行增补。

自动高程注记：启动该功能，系统将自动注记高程碎部点的高程。

第 6 步：地物的编辑。

地物编辑的基本步骤：进入编辑状态→选择将要编辑的某个地物及某个点→选择所需的编辑命令→进行具体的修测修改等。

第 7 步：数据的输入与输出。

用 Ctrl+Tab 快捷键切换当前窗口为矢量窗口时，点击文件菜单。

① 数据输入：单击文件→引入→Xyz 文件菜单项。单击该菜单项，系统弹出引入*.xyz 文件对话框（见图 7.37）。

单击浏览按钮，选择需要引入的测图矢量文件 "*.xyz"，打开→确定即可。

② 数据输出：单击文件→导出→dxf 文件菜单项。单击该菜单项，系统弹出输出文件对话框。

第 8 步：数据的编辑。

在 CASS 背景下打开 VirtuoZo 导出的*.dxf 文件进行编辑。

图 7.37　引入数据文件窗口

【习题与思考题】

1. 什么是数字摄影测量？

2. 叙述 4D 产品制作流程。

3. 什么是数字影像？什么是数字化影像？如何获取数字化影像？

4. 什么是影像重采样？

5. 何谓影像相关？

第8章　像片纠正与正射影像图

【学习目标】

　　理解像片纠正的概念，掌握光学机械纠正法、光学微分纠正法和数字微分纠正法的原理，掌握反解法数字微分纠正和正解法数字微分纠正的原理。了解数字纠正的实际解法及数字正射影像图的制作方法。

第1节　像片纠正的概念与分类

　　像片平面图或正射影像图是地图的一种，它是用相当于正射影像的航摄像片上的影像表示地物的形状和平面位置。当像片水平且地面水平的情况下，该航摄像片就相当于该地区比例尺为 $1 : M (f/H)$ 的平面图。

　　由于航空摄影时不能保持像片的严格水平，而且地面也不可能是水平面，像片上的构象由于像片倾斜和地形起伏产生像点位移、图形变形以及比例尺不一致。所以，不能简单的用原始航摄像片上地影像来表示地物的形状和平面位置。

　　消除因像片倾斜产生的像点位移，限制或消除因地形起伏产生的投影差，同时将影像归化为成图比例尺的工作，我们称为像片纠正[见图 8.1（a）]。其实质是将像片的中心投影变换为成图比例尺的正射投影，实现这一变换的关键是建立或确定像点与相应图点的对应关系，这种关系可按投影变换用中心投影方法建立，也可以用数学关系式进行解算，从原始非正射的数字影像获取数字正射影像。

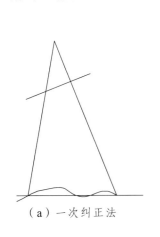（a）一次纠正法　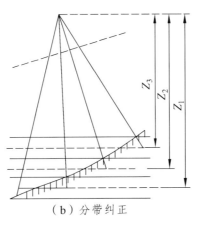（b）分带纠正　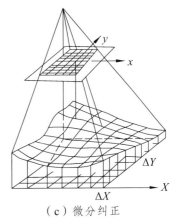（c）微分纠正

图8.1　像片纠正类型

像片纠正按其原理和方法，可分为光学机械纠正、光学微分纠正和数字微分纠正。

一、光学机械纠正法

这种纠正方法是摄影测量的传统方法，是用纠正仪进行投影变换的，图 8.2 即为投影变换的过程。假设在某一时间，在摄站点 S 对水平地面 T 拍摄了一张倾斜像片 P，摄影航高为 H，a，b，c，d 为水平地面 T 上的地物点 A、B、C、D 的构像。在室内用纠正仪进行纠正时，其任务就是要把像片上的构像 a，b，c，d 变换为比例尺为 $1：M$ 的相当于水平摄影时所得的构像。为此，只要恢复像片的内、外方位元素，即保持投影光束与摄影光束完全相似并恢复其空间方位，再用投影距为 H/M 的水平面与之相截，得到承影面 E 上的影像 a_1，b_1，c_1，d_1，它与像片 p 面上的 a，b，c，d 互为投影关系，且 a_1，b_1，c_1，d_1 组成的几何图形与地面点 A、B、C、D 组成的几何图形相似。经曝光和摄影处理后，即得到所摄地区比例尺为 $1：M$ 的纠正像片。

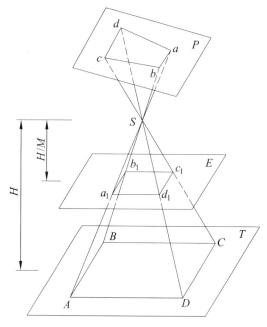

图 8.2　投影变换示意图

在纠正仪上作业时，欲达到上述目的，必须满足一定的几何条件。为使承影面 E 上的影像保持清晰，还需要满足光学条件，光学条件分为光距条件和交线条件。

上述纠正方法仍是中心投影，只适用于对平坦地区的航摄像片进行纠正，只能消除因像片倾斜引起的像点位移，不能消除因地形起伏产生的投影差。现行的测图规范规定图上的投影差不得超过 ±0.4 mm，在一张纠正像片的作业范围内，如果任何像点的投影差都不超过此数值，这样的地区称为平坦地区。对于投影差超过上述值不太多的丘陵地区，可用分带纠正的方法将投影差限制在允许范围内。分带纠正即为：在一张像片范围内，按照地面高程的变化将作业区划分为若干个带区，以不同的纠正系数对不同高度的地区进行纠正，从而使每一带区内地形起伏引起的投影差小于规定的值，如图8.1（b）所示。对每一分带完成纠正后，便可镶嵌成为一张纠正像片。

二、光学微分纠正

分带纠正虽然可以将投影差限制在允许范围内，但在地形起伏较大的地区，各分带之间的纠正影像在拼接处将会出现错位，影响图面的精度和质量。此时，就需要用一个足够小的面积作为纠正单元，并根据每个纠正单元的地面实际高程 来控制纠正元素，使之实现从中心投影到正射投影的变换，这就是光学微分纠正，又称正射投影技术，如图8.1（c）所示。

小块面积最常见的是呈线状的具有一定长度的缝隙。由于缝隙的宽度极小，近似可以作为一条线看待，在扫描带方向连续地移动，故这种微分纠正方法有时也称为缝隙纠正方法。该方法是在专门的正射投影仪上进行的，有直接微分纠正和函数微分纠正两种方式。下面以直接微分纠正为例说明该方法的纠正原理。

直接式光学投影的微分纠正原理：图 8.3 为直接式光学投影正射投影仪的示意图。由一台双像投影测图仪与具有相同投影器的正射投影仪联系在一起，正射投影仪的投影镜箱与立体测图仪中的一个投影器始终保持同高，且可在 Z 方向上同步运动。在投影仪里放置一张像片（如 P_1），当双像测图仪经相对定向和绝对定向后，读得 P_1 片的角元素，并将其安置在正射投影仪上。正射投影仪的承影面上放置感光材料，上面用不透光的黑布遮住，只留一小缝隙，缝隙的中心与双像测图仪的测标点相对应，并可沿仪器 Y 轴方向运动（称作扫描），在缝隙经过处进行曝光、晒像。一条带晒完，缝隙在 X 方向步进一个缝隙的宽度，再在 Y 方向上反向扫描。依次对模型的各个断面扫描，就可得到正射影像的像片。

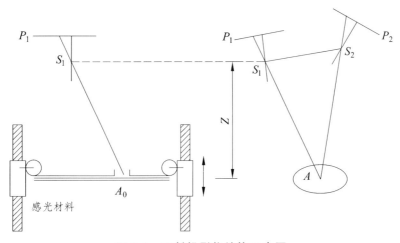

图 8.3　正射投影仪结构示意图

三、数字微分纠正

用以上经典的光学纠正仪器进行像片纠正，在数学关系上受到了很大的限制，因而在实现其原理过程中均作了不同程度的近似。例如，用光学机械纠正法对平坦地区纠正时，只要投影差不超过图上的±0.4 mm均视为平坦地区；光学微分纠正中，虽然顾及了纠正单元（缝隙）内横向坡度的影响，但这样也只能部分地消除缝隙内高差引起的投影差，且缝隙内纵向坡度的影响一般都难以顾及。所以要想提高其精度，必须缩小缝隙大小。但这样一来势必增加作业时间，降低作业效率，重要的是由于光学机械的限制，缝隙不可能太小。另外，随着多光谱扫描仪、线性阵列式传感器等新技术的出现，产生了不同于经典的摄影像片的影像，此时使用光学仪器会有一定的困难。若利用数字影像技术，则可方便地解决上述问题。

已知影像的内定向参数和外方位元素及数字高程模型，选择合适的数学模型来纠正影像，该过程是将影像划分为很多微小的像元区域逐一进行。这种用计算机对影像进行逐个像元的微分纠正称为数字微分纠正。

第2节　数字微分纠正

一、数字微分纠正的基本原理

根据已知影像的参数（内、外方位元素）与数字地面模型，利用相应的构像方程式，或按一定的数学模型用控制点解算，从原始非正射投影的数字影像获取正射影像，这种过程是将影像化为很多微小的区域逐一进行。其基本任务是实现两个二维图像之间的几何变换。

设任意像元在原始影像与纠正影像中的坐标分别为 (x, y) 和 (X, Y)，它们之间存在着映射关系：

$$X = f_x(X, Y); \quad y = f_y(X, Y) \tag{8.1}$$

$$X = \varphi_x(x, y); \quad Y = \varphi_y(x, y) \tag{8.2}$$

式（8.1）是由纠正后的像点坐标 $P(X, Y)$ 出发，根据像片的内、外方位元素及 P 点的高程，反求其在原始图像上相应像点 p 的坐标 (x, y)，这种方法称为反解法（或称间接法）。式（8.2）则相反，它是由原始图像上的像点坐标 $p(x, y)$ 解求纠正后图像上相应点坐标 $P(X, Y)$，这种方法称为正解法（或称直接法）。

二、反解法（间接法）数字微分纠正

（一）计算地面点坐标

设正射影像上任意一像点 P 的坐标 (X', Y')，由正射影像左下角图廓点地面坐标 (X_0, Y_0) 与正射影像比例尺分母 M 计算 P 点对应的地面点坐标 (X, Y)：

$$\begin{cases} X = X_0 + M \cdot X' \\ Y = Y_0 + M \cdot Y' \end{cases} \tag{8.3}$$

（二）计算像点坐标

应用共线条件式计算 P 点在原始图像上相应的像点坐标 $p（x，y）$：

$$x - x_0 = -f \frac{a_1(X - X_S) + b_1(Y - Y_S) + c_1(Z - Z_S)}{a_3(X - X_S) + b_3(Y - Y_S) + c_3(Z - Z_S)}$$
$$y - y_0 = -f \frac{a_2(X - X_S) + b_2(Y - Y_S) + c_2(Z - Z_S)}{a_3(X - X_S) + b_3(Y - Y_S) + c_3(Z - Z_S)}$$

（8.4）

式中：Z 是 P 点的高程，由 DEM 内插求得。

（三）灰度内插

由于所求得的像点坐标不一定正好落在像元素中心，为此必须进行灰度内插，一般可采用双线性内插方法，求得像点 p 的灰度值 $g（x，y）$。

（四）灰度赋值

最后将像点 p 的灰度值赋给纠正后的像元素 P，即

$$G(X，Y) = g(x，y)$$

（8.5）

依次对每个纠正像元素进行上述运算，即可获得纠正的数字图像，其基本原理与步骤如图 8.4 所示。

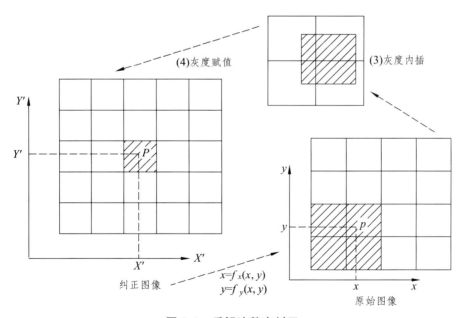

图 8.4　反解法数字纠正

三、正解法（直接法）数字微分纠正

正解法数字微分纠正（见图 8.5）是从原始图像出发，将其上逐个像元素，用正解公式（8.2）求得纠正后的像点坐标。这种方法存在很大缺陷，因为在纠正图像上的纠正像点是规则排列的，有的像元素内可能"空白"（无像点），有的可能出现重复（多个像点），因此很难实现纠正影像的灰度内插并获得规则排列的纠正数字影像。

基于上述原因，数字纠正一般采用反解法。

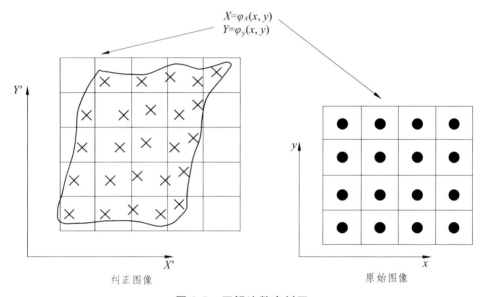

$$X = \varphi_x(x, y)$$
$$Y = \varphi_y(x, y)$$

纠正图像　　　　　　　　　　　原始图像

图 8.5　正解法数字纠正

在航空摄影情况下，用正解法求得原始图像上像点相应的纠正坐标，其公式为

$$
\left.
\begin{aligned}
X - X_S &= (Z - Z_S)\frac{a_1 x + a_2 y - a_3 f}{c_1 x + c_2 y - c_3 f} \\
Y - Y_S &= (Z - Z_S)\frac{b_1 x + b_2 y - b_3 f}{c_1 x + c_2 y - c_3 f}
\end{aligned}
\right\}
\tag{8.6}
$$

利用上述公式，还必须先知道 Z，但 Z 又是待定量 X，Y 的函数。因此，由 x，y 求 X，Y 必先假定一近似值 Z_0。求得 X_1，Y_1 后，再由 DEM 内插得到该点的高程 Z_1；根据 Z_1 利用公式（8.6）求得 X_2，Y_2，如此反复迭代。因此，由公式（8.6）计算 X，Y，实际是由一个二维图像（x，y）变换到三维空间（X，Y，Z）的过程，需要不断的迭代求解来完成。

四、数字纠正实际解法及分析

数字纠正的实际解法，从原理上来说，属于点元素纠正，但在实际的软件系统中，均是以"面元素"作为纠正单元的，一般以正方形作为纠正单元。利用反算公式计算该单元 4 个

"角点"的像点坐标（x_1，y_1），（x_2，y_2），（x_3，y_3），（x_4，y_4），纠正单元内的坐标（x_{ij}，y_{ij}）可用双线性内插求得。这里 x，y 是分别进行内插求解的，其原理如图 8.6 所示。内插后得到任意一个像元（i，j）所对应的像点坐标 x，y 分别为

$$\left.\begin{aligned}x(i,j)&=\frac{1}{n^2}[(n-i)(n-j)x_1+i(n-j)x_2+(n-i)jx_4+ijx_3]\\y(i,j)&=\frac{1}{n^2}[(n-i)(n-j)y_1+i(n-j)y_2+(n-i)jy_4+ijy_3]\end{aligned}\right\}\qquad(8.7)$$

计算出像点坐标后，再由灰度双线性内插求其灰度值。

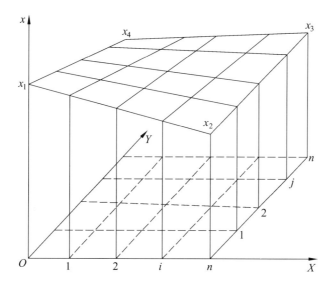

图 8.6　x 坐标的双线性内插

第 3 节　数字正射影像图的制作方法

数字正射影像图（Digital Orthophoto Map，简称 DOM）是利用 DEM 对遥感影像（单色或彩色），经逐像元进行辐射改正、微分纠正和镶嵌，并按规定图幅范围裁剪生成的形象数据，带有公里格网、图廓（内、外）整饰和注记的平面图。它具有地形图的几何精度和影像特征。

DOM 具有精度高、信息丰富、直观真实、连续性强（一定历史时期的影像连续反映）、现势性强等特点。它可作为背景控制信息，评价其他数据的精度、现实性和完整性，也可从中提取自然资源和社会经济发展的历史信息，为防灾治害和公共设施建设规划等应用提供可靠依据；还可从中提取和派出新的信息，实现地图的修测更新。

根据获取数据源的不同以及技术条件和设备的差异。数字正射影像图的制作可分为以下三种方法：

1. 全数字摄影测量方法

该方法是利用计算机对数字影像对进行内定向、相对定向和绝对定向生成 DEM，然后根据 DEM 进行数字微分纠正，将单片正射影像进行镶嵌，按图廓线裁切得到数字正射影像图，最后注记地名、公里格网和整饰图廓等。修改以后，绘制成 DOM 或刻盘保存。

2. 单片数字微分纠正

首先对航摄负片进行影像扫描，并根据区域内控制点坐标对数字影像进行内定向，再由已知的 DEM 数据做数字微分纠正，后续处理过程与上述方法相同。

3. 正射影像图扫描

若已有光学投影制作的正射影像图，可直接对光学正射影像图进行影像扫描数字化，再经过平移、缩放、旋转和仿射等图像变换就能获取数字正射影像图。纠正前后同名点之间可用适当的多项式来表达，如：

$$
\left.
\begin{aligned}
x &= a_0(a_1X + a_2Y) + (a_3X^2 + a_4XY + a_5Y^2) + (a_6X^3 + a_7X^2Y + a_8XY^2 + a_9Y^3) \\
y &= b_0(b_1X + b_2Y) + (b_3X^2 + b_4XY + b_5Y^2) + (b_6X^3 + b_7X^2Y + b_8XY^2 + b_9Y^3)
\end{aligned}
\right\}
\quad (8.8)
$$

式中：x，y 为像素点的像点坐标；X，Y 为同名像素点的地面坐标；a_i，b_i（$i=0$，1，2，…，$n-1$）为多项式系数。

根据已有控制点的个数决定多项式的阶数，实际应用中往往要求用较多的控制点，通过平差解求多项式系数。

【习题与思考题】

1. 为什么要进行像片纠正？什么是像片纠正？
2. 像片纠正的方法有哪些？
3. 丘陵地区的像片纠正，需要采取什么措施？
4. 说明直接式光学微分纠正的原理和方法。
5. 什么是数字微分纠正？
6. 简述数字微分纠正中正解法与反解法的原理和过程。

第9章　摄影测量的外业工作

【学习目标】

1. 熟悉摄影测量的作业流程。
2. 了解航空摄影外业控制测量中控制点的选取与布设原则。
3. 掌握控制点布设方案。
4. 了解像片控制点联测的 GPS 方法。
5. 掌握像片调绘和像片判读的概念。
6. 了解像片判读标志和野外像片判读方法。
7. 了解综合取舍的定义和原则。

第1节　摄影测量外业工作任务及作业流程

随着国家经济建设的发展和科学技术水平的提高，航空摄影测量成图方法成为测制中小比例尺国家基本地形图、大比例尺与大面积地形、地籍测绘的主要方法。与常规地形测量相比，航测成图方法具有速度快、成本低、数字化程度高等特点。

一、摄影测量的简要作业流程

摄影测量的作业过程主要包括航空摄影→航测外业→航测内业→最终提供客户或用图单位所需要的各种各样的测绘产品。

其中航空摄影即在专用飞机上安装航空摄影机，通过对地面的连续摄影，以获取所摄地区的原始航摄资料或信息。主要为航测提供基本的测图资料——航摄像片（或影像信息）及一些摄影数据等。

航测外业主要包括像片控制测量和像片调绘两大项内容，为保证航测内业加密或测图的需要在野外实地进行的航测工作。

航测内业则是在室内根据航测外业等成果，利用一定的仪器或方法所完成的航测工作，包括控制点加密、像片纠正、立体测图等。

航空摄影测量可以根据客户及用图单位的需要，生产各种各样的测绘产品，主要包括

"4D"产品（数字高程模型 DEM、数字正射影像图 DOM、数字线划图 DLG、数字栅格地图 DRG）、立体景观图、立体透视图、各种工程所需的三维信息及各种信息系统和数据库所需的空间信息等测绘产品。

二、摄影测量外业

摄影测量外业主要包括像片控制测量和像片调绘两大项工作。

（一）像片控制测量

像片控制测量是指在少量大地点或其他基础控制点的基础上，按照航测内业的需要，在航摄像片规定位置上选取一定数量的点位，利用地形测量等方法测定出这些点的平面坐标和高程的工作。

像片控制测量的主要内容：

（1）像片控制测量技术计划的拟订；

（2）高级地形控制点的观测与计算。

（3）控制点的选刺。

（4）像片控制点的观测、计算。

（5）控制测量成果的整理。

（二）像片调绘

像片调绘是指利用航摄像片所提供的影像特征，对照实地进行识别、调查和做必要的注记，并按照规定的取舍原则和图式符号表示在航片上的工作。

像片调绘的主要内容包括：

（1）像片调绘前的准备工作。

（2）像片判读。

（3）地物、地貌元素的综合取舍。

（4）调查有关情况和量测有关数据。

（5）补测新增地物。

（6）像片着墨清绘。

第 2 节 摄影测量外业控制测量工作

航测外业的像片控制测量是以测区 5 秒级上电磁波测距导线或 GPS 定位 E 级以上的平面控制点和等外水准以上的高程控制点为基础，采用地形测量的方法，联测出在像片的规定范围内选定的明显地物点（也称为像片控制点）的大地坐标或高程，在实地把点位准确刺到像片上并在室内进行整饰的整个作业过程。

一、像片控制点的布设

（一）像片控制点的分类

像片控制点是指符合航测成图各项要求的测量控制点，简称像控点，可分为以下三种：

（1）平面控制点：野外只需测定点的平面坐标，简称平面点。

（2）高程控制点：野外只需测定点的高程，简称高程点。

（3）平高控制点：野外需同时测定点的平面坐标和高程，简称平高点。

在生产中为了方便地确认控制点的性质，一般用 P 代表平面点，G 代表高程点，$N（P）$ 代表平高点。同一幅图或同一区域内，像片控制点应按照从左到右，从上到下的顺序统一安排，有次序地进行编号，以方便查找和记忆。同一类点在同一图幅或同一布点区内不得同号，利用邻幅或邻区的控制点时仍用原编号，但应注明相邻图幅图号。

（二）像片控制点的布设原则

（1）像控点的布设必须满足布点方案的要求，一般情况下按图幅布设，也可以按航线或采用区域网布设。

（2）位于不同成图方法的图幅之间的控制点或位于不同航线、不同航区分界处的像控点，应分别满足不同成图方法或不同航线和航区各自测图的要求，否则应分别布点。

（3）在野外选刺像片控制点，不论是平面点、高程点或平高点，都应该选刺在明显目标点上。

（4）当图幅内地形复杂，需采用不同成图方法时，一幅图内一般不超过两种布点方案，每种布点方案所包括的对象范围相对集中，可能时应尽量照顾按航线布设点，以便于航测内业作业。

（5）像控点的布设，应尽量使内业作业所用的平面点和高程点合二为一，即布设成平高点。

（三）像片控制点的选取

像片控制点的布设不仅和布点方案有关，还必须考虑航测成图过程中像点量测的精度、绝对定向和各类误差改正对像片控制点的具体位置要求，像片控制点应满足下列条件：

（1）像片控制点的目标影像清晰易判别。航摄像片控制点一般应设在航向及旁向六片重叠范围内，如果选点困难，也可以选在五片重叠范围内。而且同一控制点在每张像片上的点位都能准确辨认、转刺和量测，符合刺点目标的要求及其他规定。

（2）航外像片控制点距像片边缘不小于 1~1.5 cm。对于数字影像或卫星影像控制点距像片边缘不小于 0.5 cm 即可。

（3）立体测图时每个像对四个基本定向点离通过像主点且垂直于方位线的直线不超过

1 cm，最大不能超过 1.5 cm，四个定向点的位置应近似成矩形。

（4）控制点应选在旁向重叠中线附近。当旁向重叠过大时应分别布点，因旁向重叠较小时相邻航线的点不能共用时，可分别布点。

（5）位于不同方案布点区域间的控制点应确保精度高的布点方案能控制其相应面积，并尽量公用，否则按不同要求分别布点；位于自由图边、待成图边以及其他方法成图的图边控制点，一律布设在图廓线外。

（四）控制点布设方案

像片控制测量的布点方案是根据成图方法和成图精度在像片上确定航摄像片控制点的分布、性质、数量等各项内容所提出的布点规则。它是体现成图方法和保证成图精度的重要组成部分。

像片控制测量的布点方案分为全野外布点方案、非全野外布点方案和特殊情况布点方案。

全野外布点方案是指通过野外控制测量获得的像片控制点不需内业加密，直接提供内业测图定向或纠正。这种布点方案精度较高，但外业工作量很大，只在少数情况下采用。按照成图方法不同，全野外布点方案一般分为综合法全野外布点方案和立测法（全能法）全野外布点方案。其中综合法全野外布点方案是内业纠正所需的全部控制点均由外业测定，分为隔片纠正和邻片纠正布点（见图 9.1）；立测图全野外布点方案又分为单模型布点方案和双模型布点方案（见图 9.2）。

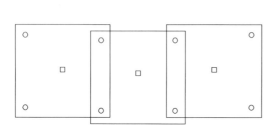 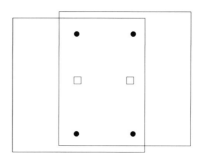

（a）隔片纠正布点　　　　　　　　　（b）邻片纠正布点

图 9.1　综合法全野外布点方案

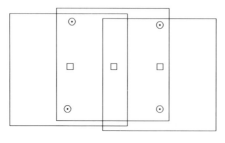 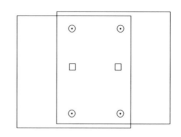

（a）双模型布点　　　　　　　　　　（b）单模型布点

图 9.2　立测图全野外布点方案

全野外布点方案适用于如下情况：

（1）航线像片比例尺较小，而成图比例尺较大，内业加密无法保证成图精度。

（2）用图部分对成图精度要求较高，采用内业加密不能满足用图部门需要。

（3）由于像主点落水或其他特殊情况，内业不能保证相对定向和模型连接精度。

非全野外布点方案是指正射投影作业、内业测图定向所需要的像片控制点主要由内业加密所得，野外只测定少量的控制点作为内业加密的基础。这种布点方案可以减少大量的野外工作量，提高作业效率，充分利用航空摄影测量的优势，实现数字化、自动化操作，是现在生产部门主要采用的一种布点方案。按照构网方式的不同，可分为单航线布点方案和区域网布点方案。

单航线布点方案为保证航线网内精度最弱处的加密点平面和高程中误差不超出限差，就必须限制每段航线的跨度。通常在每条航线上布设 6 个平高点或 5 个平高点（见图 9.3）。平高区域网布点应依据比例尺、航摄比例尺、测区地形特点、航区的实际分划、程序具有功能以及计算机容量等全面考虑，进行区域划分。区域网布点的基本原则：平高控制点布网按网的周边布设，周边 6 点法、周边 8 点法和周边多点法布设三种情况（见图 9.4）；高程控制点则采用网状布点。

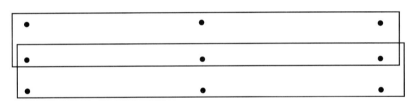

（a）六点法布点方案

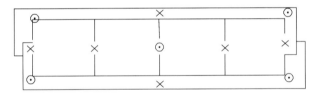

（b）五点法布点方案

图 9.3　单航线布点方案

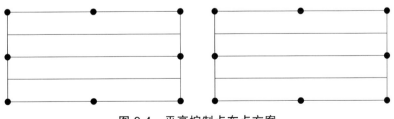

图 9.4　平高控制点布点方案

特殊情况布点方案适用于航摄区域结合处、航向重叠不够、旁向重叠不够、像主点和标准点位落水、水滨和岛屿等特殊情况的布点。

二、野外像片控制点的选刺、整饰

（一）像片控制点的选刺

1. 野外实地选点

所谓实地选点就是用像片影像与实地对照，在实地找到符合规范各项要求的控制点位置。实地选点应首先根据技术设计时提供的控制点概略位置去寻找目标，如果设计提供的控制点位置实地无法找到，或测量条件受到限制，需要更换点位时，必须特别注意，移动后的点位仍需符合规范中的有关规定。

2. 刺点目标的选择和要求

刺点目标应根据地形条件和像片控制点的性质进行选择，以满足规范要求。

平面控制点的刺点目标应选在影像清晰、能准确刺点的目标点上，一般选在线状地物的交点和地物拐角上。如道路交叉点、线状地物的交角或地物拐角应在30°～150°，以保证交会点能准确刺点。在地物稀少地区，也可选在线状地物端点，尖山顶和影像小于 0.3 mm 的点状地物中心。弧形地物和阴影等均不能选做刺点目标。

高程控制点的刺点目标应选在高程变化不大的地方，一般选在地势平缓的线状地物的交会处等，在山区常选在平山顶以及坡度变化较缓的圆山顶、鞍部等处，狭沟、太尖的山顶和高程变化急剧的斜坡不宜做刺点目标。

3. 像片刺点

像片刺点就是用细针在像片上刺孔，准确地标明像片控制点在像片上的位置，给内业提高判读和量测的依据。像片测点准确与否直接影响内业加密的精度，因此应认真仔细。实际刺点时，应在像片背面垫上塑料板，用直径不大于 0.1 mm 的小针尖在选定的目标上刺孔，并在像片背面用铅笔做出标记。为了避免可能出现的差错，规范规定像片刺点必须经第二人进行实地检查。

像片刺点应满足以下要求：

（1）刺点时应在相邻像片中选取影像最清晰的一张像片用于刺点，刺孔直径不得大于0.1 mm，并要刺透。刺偏时应换片重刺，不允许有双孔。

（2）平面控制点和平高控制点的刺点误差，不得大于像片上 0.1 mm。高程控制点也应准确刺出。

（3）同一控制点只能在一张像片上有刺孔，不能再多张像片上有刺孔，以免造成错判。

（4）国家等级三角点、水准点、埋石的高级地形控制点，应在控制像片上按平面控制点的刺点精度刺出；当不能准确刺出时，水准点可按测定碎部点的方法刺出，三角点、埋石点在像片正反面的相应位置上用虚线表示，并说明点位置和绘点位略图。

（二）控制像片的整饰

1. 控制像片的反面整饰

像片的反面整饰是按一定要求在像片反面书写刺点说明，并简明绘出刺点略图（一般以正面影像灰度表示），标明控制点的位置和点名、点号。平面点、平高点和高程点分别以 P，N，G 编写其点号。

2. 控制像片的正面整饰

为方便内业对像片控制点的应用，凡是提供给内业使用的像片控制点、大地点、高级地形控制点（包括 GPS 点和导线点）均需在像片正面进行整饰。整饰方法和要求如下：

（1）凡是已准确刺出的三角点、GPS 点、导线点均用红色墨水，以其相应图式符号将其边长放大至 7 mm 进行整饰。

（2）已刺出的水准点、等外水准点、高程点用绿色墨水以直径 7 mm 的圆圈（水准点重点加"×"符号）整饰。

（3）凡不能准确刺出点，将其相应符号改为虚线。

（4）转刺相邻图幅的公用控制点，其整饰方法同上，但需要在控制点点号后加注邻幅的图幅编号。

（5）本图幅内航线间公用的控制点，只在相邻的航线主片上，以相应符号和颜色用特种铅笔转标，并说明刺点像片号。

（6）点名、点号及高程注记要求字体正规，用红色墨水以分数形式注出，分子为点名、点号，分母为高程；水准点的高程应注到小数点后两位，其他高程注到小数点后一位，平面点只注点号。

（7）像片上如有图廓线通过，应用红色墨水绘出，像片的右下角应有整饰者签名。

三、像片控制点联测的 GPS 方法

目前，主要采用的联测方法是 GPS 方法和电磁波测距附合导线、支导线及引点等方法，其测量精度应符合如下规定：

（1）像片控制平面点和平高点相对于附近国家等级三角点、GPS 点和高级地形控制点的平面位置中误差不超过图上 ±0.1mm。

（2）像片高程控制点相对于附近水准点或联测过水准的三角点、GPS 点的高程中误差，平地、丘陵地、山地均不超过 1/10 基本等高距（高山地按山地要求）。

利用 GPS 定位技术测定像片控制点的坐标，且不受地形、通视等条件的限制，是当前较理想的一种施测方法。但施测的像片控制点周围有不利于 GPS 定位的客观因素存在时，如微波发射塔、电视差转台、高压走廊、大面积水域、前反光面等，可考虑在其附近加测一对相互通视的补点。

应当注意，这里所说的补点不是像片控制点。因此，补点不受像片条件和布点方案的约束，它的位置可以根据联测像片控制点的需要选定。补点是控制点联测中经常用到的一种过渡点。

由于像片控制点受许多条件的限制，选点相对比较困难，在不少情况下进行联测都不容易，因此，在航外控制测量中使用引点和支导线点的情况较多，这点应当注意。

非全野外布设的像片控制点一般采用 GPS 静态相对定位或快速静态定位和 RTK 等方法测定，将要观测的航外控制点连同必要的测区已知高级地形控制点（至少 3 个）和水准点构成 GPS 卫星定位网（由多个同步环路组成）。全野外布设的像片控制点可采用 RTK 定位技术。

第 3 节　像片判读

一、概　述

地物的波普特性、空间特征、时间特征和成像规律，使航摄像片提供了丰富的地面影像信息，利用这些特性和规律对像片影像相应的地物类别、特性进行识别和某种数据指标的测算，为地形图测制或其他专业部门提供必要要素的作业过程称为像片判读（或称像片解译）。

像片判读根据判读的目的不同可分为地形判读和专业判读。其中，地形判读主要是指航空摄影测量在测制地形图过程中所进行的判读；判读目的是通过像片影像获取地形测图所需要的各类地形要素。专业判读是为解决某些部门专业需要所进行的带有选择性的判读，判读目的是通过像片影像获取本专业所需的各类要素。

根据判读方法不同，像片判读分为目视判读和计算机判读。其中，目视判读是指判读人员主要依靠自身的知识和经验及所掌握的其他资料与观察设备，在室内或者实地对照识别像片影像的过程。目视判读又进一步分为野外判读和室内判读。野外判读是把像片带到所摄地区，根据实地地物、地貌的分布状况和各种特征，与像片影像相对照进行识别的方法。即在实地识别出像片影像所表示的地物、地貌元素的性质和范围等，常用于完成像片控制点的刺点和像片调绘工作。室内判读是根据物体在像片上的成像规律和可供判读的各种影像特征及可能搜集到的各种信息资料，采取平面、立体观察和影像放大、图像处理等技术，并与野外调绘的"典型样片"比较，进行推理分析，脱离实地所进行的判读。计算机判读是借助于计算机对图形和影像进行处理、分析和理解，以识别各种模式的目标和对象的技术。即根据识别对象的某些特征，对识别对象进行自动分类和判定。显然，计算机判读也是室内判读。

进行室内判读应充分利用以下资料：

（1）判读的辅助资料。搜集和利用各种专业有关资料，是判读过程中必不可少的内容。判读前应充分搜集有关的数据和信息资料，例如从农、林、城建、环保、交通等部门收集各种图表和文字说明资料。

（2）判读样片。由于不同地区所含的地物信息十分丰富、复杂，在判读过程中，常常必须借助于判读样片进行对比来认识各种地物、地貌。

在室内判读过程中，一般要先了解像片比例尺和摄影的时间、季节，然后利用地物在像片上的形状、大小、色调、阴影、相关位置等判读特征，来综合分析识别地物、地貌。如像片比例尺确定地物的大小、位置；摄影季节对水系的判读，对植被的调绘；摄影时间对正确利用阴影特征等均有很大的帮助。像片判读一般遵循从全面到局部、从大到小、从已知到未知、从易到难、循序渐进的原则。判读中对地物的分析和推理方法可归纳为如下几条：

（1）直判法。对像片上呈现的某些特征明显的影像，通过直接观察确定其性质。该方法主要取决于判读员的经验和对地物特征的了解。

（2）对比法。是将像片上待判别的影像与已知地物影像或标准航片上的影像进行比较，以判定该地物的性质。标准航空像片是预先选定的典型样片，像片上地物性质是已知的。

（3）临比法。在同一张像片或同一地段像片上，比较各种地物的特点，以确定影像的内容。

（4）推理法。利用各种地物的特点和相互之间的关系，以推理和逻辑方法进行判读。推理法判断一般主要考虑地物存在的条件和位置及相互关系、人类活动的规律及自然运动的规律等内容。

室内判读的主要优点是能充分利用像片影像信息，发挥已有的各种图件资料、仪器设备的作用，减少外业工作量，改善工作环境，提高工作效率。但是室内判读对判读人员自身的素质要求较高，判读的准确率只能达到 85% 左右。因此，室内判读还必须和野外判读结合起来，这就是所谓的室内外综合判读方法。

二、像片的判读特征

影像与相应目标在形状、大小、色调、阴影、纹理、布局等特征方面有着密切的关系，人们根据这些特征去识别目标和解译某种现象，这些特征被称为判读特征。

1. 形状特征

形状是指物体外轮廓所包围的空间形态。地物在像片上的形状受空间分辨率、比例尺、投影性质等影响。

（1）由于航摄像片倾角较小，在平地不突出于地面的物体，如运动场、田块等在像片上影像的形状与实际地物的形状基本相似。

（2）物体位于倾斜坡面上，如山坡上的地物，由于投影差的影响，使面向主点的倾斜面及其地物被拉长；而背向主点的倾斜面及其地物被压短。突出地面且又有一定空间高度的物体，如烟囱、水塔等，由于投影差的影响，其构像形状随地物在像片上所处的位置而变化。

（3）当像片比例尺较小时，某些地物的构象形状变得比较简单，甚至消失。

（4）同一地物在相邻像片上的构像由于投影差的大小、方向不同，其形状也不相同。

2. 大小特征

大小特征是指地物在像片上构像所表现出的轮廓尺寸。地物影像的大小取决于比例尺，根据比例尺，可以计算影像上的地物在实地的大小。地物影像的大小除受目标大小的影响外，还受像片倾斜、地形起伏及亮度的影响。例如，在航摄像片上，平坦地区的地物，与其相应构像之间，由于像片倾角较小，基本上可以认为它们之间存在着大致统一的比例关系，即实地比较大的物体在像片上的构像仍然较大。但同样大小的地物，高处的地物比低处的地物在像片上的构像要大。

3. 阴影特征

高出地面的物体在阳光照射下进行摄影时，在像片上会形成三部分影像：受阳光直接照射的部分，由其自身的色调形成的影像；未受阳光直接照射，但有较强的散射光照射所形成的影像称为本影；由于建筑物的遮挡，未被阳光直接照射，而只有微弱散射光照射，在建筑物背后地面上所形成的阴暗区，即建筑物的影子，称为阴影或落影。

像片判读时阴影反映了地物的侧面形状，阴影和本影有助于增强立体感，对突出于地面的物体有重要的判读意义。特别是对于俯视面积较小而空间高度较大的独立地物，例如烟囱、水塔等，仅根据它们顶部的构象形状很难识别，而利用阴影进行判读则十分容易，而且可以确定其准确位置。阴影的存在对陡坎、陡崖的边线判读也很有利。

利用阴影特征进行判读时，一般情况下不能以阴影的大小作为判定地物大小或高低的标准。因为物体阴影的大小不仅与物体自身形状大小有关，同时还与阳光照射的角度和地面坡度有关，阳光入射角大则阴影较小，反之阴影较大。在其他条件相同的情况下，地面坡度较大，阴影较大，反之，阴影较小。

4. 色调特征

色调是指影像上黑白深浅的程度。一般情况下，不同地物因其本身的波普特性在像片上形成不同的色调。在可见光范围内，当物体本身为深色调时，在像片上的影像色调仍然为深色调；当物体本身为浅色调时，其影像则为浅色调。因此，判读人员使用同一地区同时间获取的像片，相对来讲，色调是可以比较的。色调的深浅用灰度来表示。为了判读时有一个统一的描述尺度，航空像片的色调一般分为10个灰阶，即白、灰白、淡灰、浅灰、灰、暗灰、深灰、淡黑、浅黑、黑。

影响地物影像色调的因素有以下几个方面：

（1）物体表面的照度。

地物表面照度就是指其表面受光量的多少。一般情况下，阳光与地面受光面的角度越大，受光面越亮，其影像色调越浅；若为直角照射，色调发白。反之，受光量越小，色调越暗；当物体表面已经无阳光直接照射，而只有散射光时，色调就更深。

（2）物体的亮度。

越明亮的物体在像片上的构像色调越浅。景物中所有物体的亮度取决于它们所受的照度和对光的反射能力。

（3）地物的含水量。

对于同样的物体，由于含水量的不同，其影像色调也不相同。

（4）摄影季节。

不同地区的植被景观随着季节的变迁，会有明显的变化，其影像色调会有所不同。

（5）地物表面粗糙度。

物体表面的情况决定着光的反射性质：平滑的表面反射光线的方向性很强，主要产生镜面反射，其影像色调与摄影机所处的位置和所接受的反射光线多少有关；粗糙的表面则产生漫反射，此时地物在像片上构象的色调与摄影机镜头位置无关，主要取决于地物自身的亮度系数。

另外，水域在像片上构象的色调情况比较复杂，其色调特征不仅与水的深浅、水底物质性质有关，还与摄影机与水面的相对位置有关，也与水中悬浮物的性质、悬浮物多少与颗粒大小有关，与水面有无波浪、水面是否生长水生植物有关。

5. 颜色特征

颜色指彩色图像上色别和色阶，用彩色摄影方法获得真彩色影像，地物颜色与天然彩色一致；用光学合成方法获得的假彩色影像，根据需要可以突出某些地物，更便于识别特定目标。在彩色像片上各种不同物体反射不同波长的能量（地物波普特性），地物影像以不同颜色反映物体特征；不但可以利用彩色色调进行判读，而且可以从不同颜色区分地物。

6. 纹理特征

细小的地物，如一根草、一株棉、一棵树在航摄像片上很难成像或即使成像也没有明显的形状可供判读；但成片分布的细小地物在像片上成像可以造成有规律的重复，使影像在平滑程度、颗粒大小、色调深浅、花纹变化等方面表示出明显的规律，这就是纹理特征。纹理特征是地物成群分布时的形状、大小、性质、阴影、分布密度等因素的综合体现，因此，每一种地物都有自己独特的纹理特征。

7. 图案结构特征

如果说纹理特征是指地物成群分布时无规律的聚集所表现出的群体特征，那么地物有规律的分布所表现出的群体特征就是图案结构特征。例如：经济林和树林都是由众多的数木组成的，但它们的空间排列、形状都有明显区别；天然生长的树林其分布状况是自然选择的结果，而人工栽种的经济林则是经过人工规划的，其行距、株距都有一定的尺寸。有经验的农艺师甚至可以根据图案结构的微小差异区分各种经济林的性质。

8. 相关位置特征

一种地物的产生、存在和发展总是和其他某些地物互相联系、互相依存的，地物之间的这种相关性质称为相关特征。相关位置特征或位置布局特征，是地物的环境位置、空间位置配置关系在像片上的反映。以此为基础进行推理分析，可以解释一些难于判读的影像。例如学校离不开操场；灰窑和采石场的存在说明是石灰岩地区；铁路、公路与河流、沟谷交叉处一般都会有桥涵；沙漠中有几条小路通向某一交点，一般在这个交点处都会有水源。

9. 活动特征

活动特征是指判读目标的活动所形成的征候在像片上的反映。工厂生产时烟囱的排烟、大河流中船舶行驶时的浪花、坦克在地面活动后留下的履带痕迹等都是目标活动的征候，是判读的重要依据。

对地物进行判读不可能只用一种特征，只有根据实际情况运用上述各种判读特征才能取得较为满意的判读效果。

三、野外像片判读方法

（一）选好判读时的站立位置

判读时，判读人员要选好立足点，选择在易判的明显地物点上，尽可能站在判读范围内比较高的地方。

（二）确定像片方位

确定像片方位就是将像片的方向与实地的方位联系起来，使它们基本一致，又叫像片定向。在像片定向时，首先要判断出判读人员所在的位置，然后与周围明显突出的目标相对照，旋转像片，使之与实地方位一致，易于找到对应关系。

（三）判读地物、地貌元素

像片判读最终的目的是判读航测成图所需要的地物、地貌元素，在像片定向后即可进行。此时应注意掌握"由远到近、由易到难、由总貌到碎部、逐步推移"的方法，先判定明显地物，再判定不明显地物，从而寻找判读目标的准确位置。

（1）由远到近：远处范围大，总貌清楚，容易弄清大的明显地物之间的关系，从而迅速地在像片上找到它们的具体位置；近，指靠近判读目标。由远到近就是先判读远处大的明显目标的位置，再推向近处，寻找判读目标的准确位置。

（2）由易到难：先抓容易判定的特征地形，迅速找到它们在像片上的具体位置，作为判读其他地物的突破口。在以此为基础，向周围扩展开去，找出较难判定的目标的准确位置。

（3）由总貌到碎部：一个地区、大的河流、村庄、山岭、公路、森林等主要明显的地物，构成这一地区地形的总貌，总貌描绘了这一地区地形的轮廓，清晰突出，在像片上容易判定。在判定总貌的基础上，再缩小到某一范围去判定某一目标的位置就比较容易了。

（4）逐步推移：假设第一个地物已经判断出，则紧靠着的第二个地物就不难判定了，再接着第三个地物也就容易判定。如此逐步推移下去，准确判定出所需要判读的目标。

（四）走路过程中的判读

全野外判读更多时候是在走路过程中进行的，即边走边判读，尤其是在地物密集的地区，到处都分布着需要判读的目标。这时就应注意"看、听、想、记"相结合，时时掌握自己在像片上的相应位置，随时将判定的地物在调绘片上标明出来，并对判读结果采用相关位置特征及比例尺核对实际距离的方法进行检核，才能收到良好的效果。

（五）勤看立体，随时检核

看立体是帮助判读的重要手段，立体模型可以使需要判读的地物显得更清楚、更生动，对比感更强。由于地物众多，地形千变万化，判读中出现错判的事时有发生，因此，在判读过程中经常要检查，从多方面推判，直到确信无误为止。

总之，野外判读是一项复杂、细致、责任重大、技术性很强的工作，要求从事这项工作的专业人员，不但要有很好的技术水平，而且要有优良的思想素质，才能有效地完成这项工作任务。

第 4 节　像片调绘

一、概　述

（一）调绘的主要形式

目前调绘采用的形式主要有像片调绘、内业立测线划回放纸图调绘和数字影像调绘三种。

1. 像片调绘

像片调绘是在对航摄像片上的影像信息进行判读的基础上，对各类地形元素及地理名称、行政区划名称，按照一定的原则进行综合取舍，并进行调查、询问、量测，然后以相应的图式符号、注记进行表示或直接在数字影像上进行矢量化编辑转绘，为航测成图提供基础信息资料的工作。

像片调绘不同于像片判读。像片判读只是研究如何根据像片影像和其他资料识别、区分各种地形元素，而像片调绘根据需要不仅要求表示能够从影像上判读出的某些元素，而且还要表示某些不能从影像上判读或者根本没有影像的无形元素，如境界、地理名称等。

像片调绘的主要内容包括像片调绘前的准备工作，像片判读，地物、地貌元素的综合取舍，调查有关情况和量测有关数据，补测新增地物，像片着墨清绘，接边，检查验收等。

2. 内业立测线划回放纸图调绘

其调绘形式是首先在内业根据像片控制点进行数字立体测图定位，然后将所测数字图（有少部分已利用经验定性）在绘图机上回放（喷绘或打印）出来，再到实地对所绘地物、地貌元素进行定性、核实，地理名称的调绘，补测隐蔽地物和新增地物，修改以及图幅名称的确定等，并且在测区进行清绘或编辑工作。

回放图纸有两种形式：一种是在线划图上叠加有影像；另一种没有叠加影像，调绘时可配合航摄像片进行。

应当指出，内业在所建立的立体模型上进行数据采集时，依比例尺表示的地物测出其范围，不依比例尺表示的地物测出其中心位置，按模型能定性的地物、地貌元素用相应的符号表示，对影像清楚的地物、地貌元素应全部准确无遗漏的采集，对立体影像不够清晰的地物、地貌元素应尽可能的采集，并需要做出标记，以便提醒外业调绘人员注意其位置的核实及补绘，地物应以可见地物的外部轮廓为准，地貌用等高线、高程注记和地貌符号表示。对密集植被覆盖的地表，当只能沿植被表面描绘时，外业应加植被高度改正，在林木密集隐蔽地区，应依据野外高程点和立体模型进行测绘。

3. 数字影像调绘

数字影像调绘指利用安装有有关程序、符号库和测区数字影像的笔记本电脑或 PDA，在测区实地进行直接地形元素的数字化编辑绘制、变化地物补绘和注记的调绘技术。利用 PDA 调绘还可进行 GPS 定位和通信。其要求与像片调绘相同。

优点：数字影像放大缩小方便，提高判绘精度，符号绘制标准，实地绘制，实现调绘数字化，省去手工清绘的烦恼。

缺点：采用笔记本电脑实地调绘，主要存在电池难以保证长时间作业，电脑显示屏对着阳光看不清楚的问题；利用 PDA 调绘，显示屏幕尺寸有限，不便观察调绘范围的总貌和进行立体观察，存储空间有限，难以装载更多的数字影像，外业调绘人员人手一个，代价较大。

（二）调绘的基本要求

1. 准确性

要求所调绘的地物、地貌元素位置准确，性质和特征准确，道路等级的划分准确，描绘地物的方向准确，调查的地理名称准确，补测的新增地物准确以及量测的各种数据准确，清绘的符号、线划准确等，以确保地形图的数学精度和地理精度。

2. 合理协调性

要求所调绘的地物综合取舍的程度应与成图比例尺相适应，各种地物、地貌元素之间的关系处理恰当，主次分明，重点突出，能合理地、真实地反映实地的地理景观。

3. 完整性

所有规范规定必须上交的资料，包括像片资料、检查验收资料、抄写资料、图例表等，均应一项不缺地整理上交；凡地形图所要求表示的内容都不能有所遗漏；凡规范、图式要求量注的数据必须全部量注；规定应填应绘的图表均应按规定填绘；而且必须规定进行检查验收，在确保成果完整、符合要求时才可上交。

4. 统一性

要求像片调绘所使用的图式版本、规范要统一，同一地物的表示方法要统一，符号、说明、注记等所使用的颜色要统一，说明、注记、像片编号的格式要统一。

5. 明确性、清晰性

明确性是指表示地物的性质明确，地名注记位置的指向明确，道路走向明确，地物与地物、地物与地貌之间的关系明确。

清晰性是指图面所表示的地形元素综合取舍恰当，主次分明，重要元素表示突出；图面上负载量合理；地物、地貌元素之间的关系处理得当，均能清楚的区分；图面的整饰清楚，各种线划符号的形状、大小、粗细均符合有关规定；线条流畅，字体端正，数字清楚，给人以清新悦目的感觉。

（三）调绘的基本方法

1. 采用远看近判的调绘方法

所谓远看，就是调绘时不但要调绘站立点附近的地物，而且要随时注意观察远处的情况，因为有些地物，如烟囱、独立树、高大的楼房，从远处观察十分明显突出，到近处时往往由于地形或其他地物的阻挡，反而看不清或者感觉不出它们的重要目标作用。另外，有些地物，如面积较大的树林、稻田、旱地、水库等，从远处观察，容易看清它们的总貌、轮廓、便于勾绘。

但是，有些地物远处看到确不能判定准确位置，就必须在近处仔细判读它们的位置。因此，调绘独立地物往往采用远看近判相结合的调绘方法。

2. 应注意以线带面的调绘方法

以线带面就是调绘时以调绘路线为骨干，沿调绘路线两侧一定范围内的地物，都要同时调绘，走过一条线，调绘出一片。

3. 着铅要仔细、准确、清楚

着铅（着墨）是调绘过程中最重要的记忆方式。它是在准确判读和进行综合取舍后记录在像片或透明纸上的野外调绘成果，是室内清绘和进行矢量编辑的主要依据，因此必须仔细、准确、清楚。

4. 调绘中要注意培养"三清、四到"的良好习惯

"三清"就是站站清、天天清、幅幅清。"清"有清楚、清绘、清晰之意。"站站清"就是调绘一处就把这里的问题全部搞清楚；"天天清"就是当天调绘的内容当天全部搞清楚，清绘（编辑）完；"幅幅清"就是所调绘的每幅图的内容全部搞清楚，清绘（编辑）完。

"四到"指跑到、看到、问到、画到。"四到"的总目标还是看清、问清、画准。因此，只要看清、问清、画准、记准了，也就达到"四到"及"三清"的要求了。

5. 注意依靠群众，多询问、多分析

调绘过程中有许多情况必须向当地群众询问、调查，以获得重要的绘图依据。如地名、政区界线，地物的季节性变化、某些植物得名称、隐蔽地物的位置等，都必须向当地群众调查才知道。因此，依靠群众、尊重群众，向当地群众请教，是每个测绘工作人员应有的态度和重要的工作方法。

二、综合取舍

地面上的地物很多，要将全部地物都表示在缩小千倍、万倍甚至几十万倍的图纸上是不可能的。因为在这种情况下，许多地物都要扩大以后才能在图面上表现出来，加上图面的各种注记也要占据一定的面积，这样就会造成表示内容所需的图幅面积超出了图幅的承受能力，也就是说地形图在表示地面物体时不能超出图面的信息承受能力，必须对地面物体进行有选择的表示。

（一）综合取舍的概念

所谓综合，就是根据一定的原则，在保持地物原有的性质、结构、密度和分布状况等主要特征的情况下，对某些地物分不同情况，进行形状和数量上的概括。所谓取舍，就是根据测制地形图的需要，在进行调绘过程中，选取某些地物、地貌元素进行表示，而舍去另一些地物、地貌元素不表示。因此，综合取舍的过程就是不断对地面物体进行选择和概括的过程。综合取舍的目的就是用合理的表示方法，使地形图描述的地表状况，具有主次分明的特点，保证重要地物的准确描绘和突出显示，反映地区的真实形态，从而使地形图更有效地为国民经济建设服务。

（二）综合取舍的原则

综合取舍是调绘过程中比较复杂，比较难以掌握的一项技术。有的地物可以综合，如毗连成片的房屋、稻田、树木；有的地物又不能综合，如道路、河流、桥梁。同一地物在某种情况下可以综合，如房屋毗连成片；而在另一种情况下又不能综合，如房屋分散或整体排列。同一地物在有些地区应该表示，如小路在道路稀少的地区应尽量表示；而在另一地区则可以舍去或者选择表示，如道路密集的地区。运用综合取舍进行调绘，应遵循以下原则：

1. 根据地形元素在经济建设中的重要作用决定综合取舍

地形图主要服务于国民经济建设，因此地形图所表现的内容也应该服从这一主题。凡是在经济建设中有重要作用的地形元素，就是调绘时选择表示的主要对象。

2. 根据地形元素分布的密度决定综合取舍

地形元素的作用是在一定条件下也有相对性。调绘时要根据地形元素分布的密度考虑综合取舍问题。一般情况是，某一类地物分布较多时，综合取舍的幅度可以大一些，即可适当多舍去一些质量较次的同类地物；反之，综合取舍幅度就应小一些，即尽量少舍去或进行较小的综合。

3. 根据地区的特征决定综合取舍

在根据地形元素分布密度进行综合取舍的同时，又要注意反映实地地物分布的特征，否则就会使地形图表现的情况与实地不符，面貌失真，降低地形图的使用价值。

4. 根据成图比例尺的大小决定综合取舍

成图比例尺大，图面的承受能力也越大，用图部门对图面表示内容的要求也越高，图面就应该而且有条件表示得详尽一些。因此，调绘中，综合取舍的幅度就应该小一些。反之，成图比例尺越小，综合取舍的幅度就可以大一些。

5. 根据用图部门对地形图的不同要求决定综合取舍

不同专业部门对地形图所表示的内容及表示的详尽程度也有不同要求。调绘时可根据不同的要求决定综合取舍的内容和程度。

三、补测新增地物

新增地物是指在影像获取时不存在，作业时新增加的地物。新增地物必须在调绘时进行补测，通常可采用交会法、截距法、坐标法和比较法确定新增地物的位置。

由于像片上没有新增地物的影像，补测时如果不注意就可能产生移动变形，不能满足成图精度的要求，因此，补测中还要注意以下问题：

（1）注意地物的中心位置：不依比例尺表示的独立地物都是以中心点为准，线状地物都是以中心线为准。

（2）注意地物的形状和大小：除垂直于南图廓线描绘的独立地物符号外，在外业测量其他地物时要特别注意地物的方向，因为描绘时方向不好控制，容易出错。

（3）注意地物的形状和大小：对于依比例尺表示的地物，补测时还要注意其形状和大小，否则会使地物变形失真。因此，补测地物时必须首先准确判定或测定地物外部轮廓的转折点，然后再补测其他地物点。补测线状地物，应注意转折点的准确位置。

（4）注意表示补测地物的附属建筑物：在补测地物时，对有的地物如公路、水渠，不但注意表示地物本身，而且要注意表示其附属建筑物和附属设施，否则不仅会造成地物遗漏，而且还会产生与周围地物不协调甚至矛盾的问题。

四、外业调绘中的主要调绘内容

外业调绘中的主要调绘内容有独立地物调绘，居民地调绘，道路及其附属设施调绘，管线、垣栅和境界的调绘，水系、地貌、土质和植被的调绘，地理名称的调查和注记等。

（1）表示水系时，要求位置正确、主次分明、能反映水系的基本形态及为交代清楚与其他地物之间的相互关系所应表示的水系附属设施情况，并结合水利专业资料情况表示。注意用流向表示方式。河流、水库、水塘的水涯线一般按摄影时期的水位调绘，若摄影时水位变化很大时，应按常年水位调绘。

（2）居民地调绘应重点反映出居民地的平面位置、类型、形状等相应要素特性，合理表示为依比例尺居民地（含街区式、集团式居民地）、半依比例居民地、不依比例居民地。

（3）交通要素应能正确表示道路的类别、等级、位置，反映道路网的结构特征、通行情况、分布密度以及其他要素的关系。

（4）管线、垣栅和境界等应根据相关资料调判，实地调绘增补各种地理名称。

（5）植被的表示应反映出地面植被覆盖的类别、主次、分布特征，土质的表示应反映出土质的类别、形态、分布特征；根据地区的整体特征、图面表示能力及要素上图指标的综合情况进行相应的综合取舍。

【习题与思考题】

1. 摄影测量外业包括哪些工作？

2. 像片控制点布点方案有哪些？选择方案时应注意什么问题？

3. 像片控制点的布设应遵循哪些原则？

4. 什么叫像片刺点，像片刺点在航测成图过程中有什么作用？像片刺点应满足哪些要求？

5. 什么是像片判读？像片判读的特征有哪些？举例说明。

6. 野外像片判读的一般方法和注意事项是什么？

7. 调绘采用的形式有哪些？

8. 像片调绘和像片判读有什么联系和区别？

9. 什么是综合取舍？综合取舍的原则是什么？

附录　MapMatrix4.1 多源空间信息综合处理平台操作实践

MapMatrix 系统是基于航空,卫星遥感,外业等数据进行多源空间信息综合处理的平台。它不但为基础数据生产,处理和加工提供了一系列集成的工具,而且采用统一的数据管理接口将处理的数据有效的管理起来,为后期数据增值和共享提供基础。成为数据的采集、处理、编辑、入库、维护和更新等空间地理信息数据处理的整体解决方案,该系统可广泛地应用于基础测绘、城市规划、国土资源、卫星遥感、军事测量、公路、铁路、水利、电力、能源、环保、农业、林业等众多应用领域。

本系统适合在 Windows XP/2000/win7 环境上运行。本系统兼容性非常好,可以导入来自其他多种系统的处理成果,系统支持来自 MapMatrix、VirtuoZo、JX4 Project、Z/I Imaging、Leica Helava、PATB、Albany、Bingo、Dat/EM Summit、PhorexII、Inpho 和 Database 等系统的数据成果。

本系统支持已有航片影像、控制点资料,生产 4D 产品;已有航片影像、其他系统定向信息,处理 4D 产品;中小比例尺山区正射影像制作;大比例尺城区正射影像制作;IKONOS/QUICKBIRD 立体像对基本处理流程;ADS40 立体像对基本处理流程;SPOT5 立体像对基本处理流程。

下面将按 MapMatrix4.1 在已有航片影像、控制点资料,生产 4D 产品的作业流程来介绍 MapMatrix4.1 的上机操作实践过程。

第1节　工程创建

MapMatrix 系统界面中每个区域窗口均可根据操作习惯自由拖放。还可以任意调整窗口的大小和任意显示或隐藏暂时不需要的区域,以便合理利用有限的屏幕,通过鼠标左键单击工具栏上视图栏的图标即可显示或隐藏对应窗口,从而使操作界面更简洁。

一、启动软件

软件启动后主页面如图 1 所示。

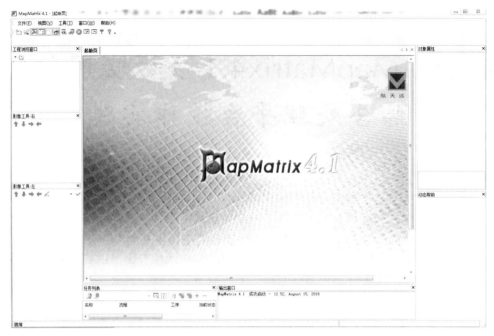

图 1　工程创建主界面

二、创建工程

选择新建工程按钮，在弹出的窗口中指定一个文件夹用来保存新的工程，或者在指定路径下选择"**新建文件夹**"按钮新建一个文件夹，用以存放工程数据，工程名称将与文件夹名一致（注意：若已有的工程名称与该文件夹名相同，系统新建的工程名会自动在后面加上一个随机数字生成一个新的工程名以示区别）。如图 2 所示。

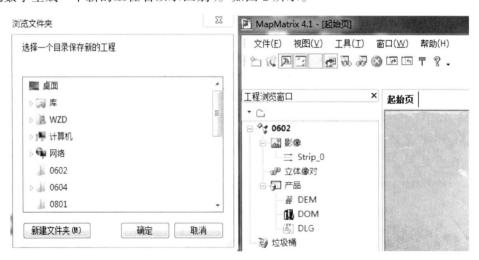

图 2　工程创建示意图

三、设置工程属性

单击工程名节点，在右边的**"对象属性"**窗口中设定工程相关参数。如图 3 所示。

图 3　设置工程属性窗口

四、影像加载

加载影像（对于航带内影像，排列顺序按照由左至右，对于航带间的影像，则由上往下进行排列），选择**"影像"**节点，单击鼠标右键，在弹出的右键菜单中选择**"新建航带"**菜单项新建航带。在航带节点单击鼠标右键，在弹出的右键菜单中选择**"添加影像"**菜单项，即可加载影像。如图 4 所示。

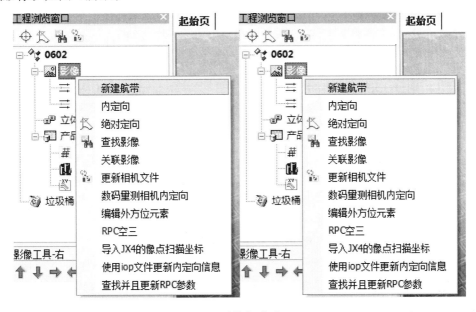

图 4　影像加载窗口

添加影像时，会弹出如图 5 所示的对话框，可添加相应路径下多张影像到当前选定的航带中。目前支持的影像格影像分块压缩格式*.TIF 以及 VirtuoZo 原始影像格式*.VZ 和 Windows 位图格式*.BMP 等。

图 5 影像选择窗口

添加完成后，若影像顺序不对，则需要对影像的顺序作调整。可以采用下列两种方式，如图 6 所示。

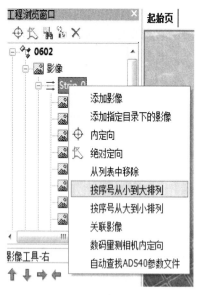 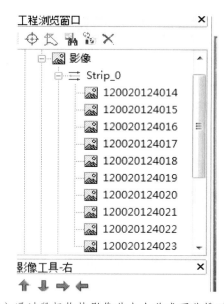

（a）右键单击航带设定升序或降序排列 　（b）通过鼠标拖拽影像节点上移或下移排列列

图 6 影像顺序调整的两种方法

选择"影像"节点（作用于整个工程）（如影像节点处属性设置，如图 7 所示）或航带节点（仅作用于当前航带，如航带节点处属性设置，如图 8 所示），在右侧的对象属性窗口中设定相机是否反转以及影像的扫描分辨率。

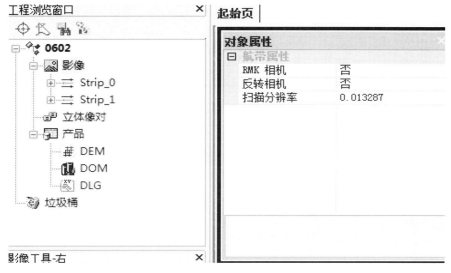

图 7　影像节点处属性设置窗口

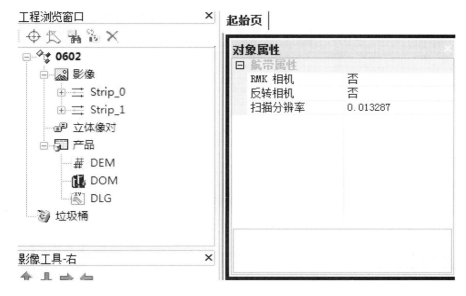

图 8　航带节点处属性设置

　　选择工程名节点（见图 9），点击按钮 ▨ 编辑控制点文件，点击按钮 ▨ 编辑相机参数文件。

　　添加控制点时，在编辑栏中，按照"点名 X Y Z"方式输入相应值后，选择右方的按钮 ▨，即添加了一个控制点到控制点文件中，完成后保存退出，如图 10 所示。

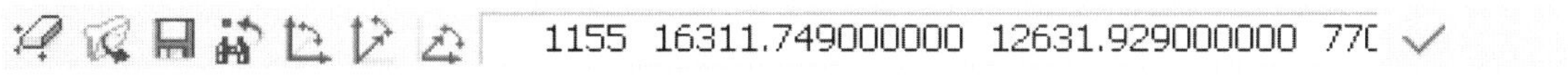

🖉 🖉 💾 🔍 ⬡ ⬡ ⟳　1155　16311.749000000　12631.929000000　770 ✓

图 9　添加控制点示意图

　　也可以直接导入已经编辑好的文本格式控制点文件，点击按钮 ▨，导入控制点文件，如图 10 所示。

图 10　控制点导入窗口

控制点格式如图 11 所示。

content.txt - 记事本
文件(F)　编辑(E)　格式(O)　查看(V)　帮助(H)

```
10
1155    16311.749000000    12631.929000000    770.666000000
1156    14936.850000000    12482.769000000    762.349000000
1157    13561.393000000    12644.357000000    791.479000000
2155    16246.429000000    11481.730000000    811.794000000
2156    14885.665000000    11308.226000000    1016.44300000
2157    13635.400000000    11444.393000000    895.774000000
2264    13503.396000000    9190.6300000000    839.260000000
2265    14787.371000000    9101.9820000000    786.751000000
2266    16327.646000000    9002.4830000000    748.470000000
3264    13491.930000000    7700.2170000000    755.624000000
```

图 11　控制点格式窗口

　　编辑相机文件时，在编辑栏中，按照相应的提示给定相关参数，添加框标时，可选择按钮 添加行，然后在该行内输入相关参数，完成后保存退出，如图 12 所示。

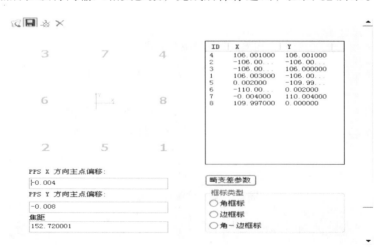

图 12　编辑相机文件窗口

在编辑相机参数文件时同样可以直接导入已有的相机文件,点击按钮,导入相机文件,格式如图 13 所示。

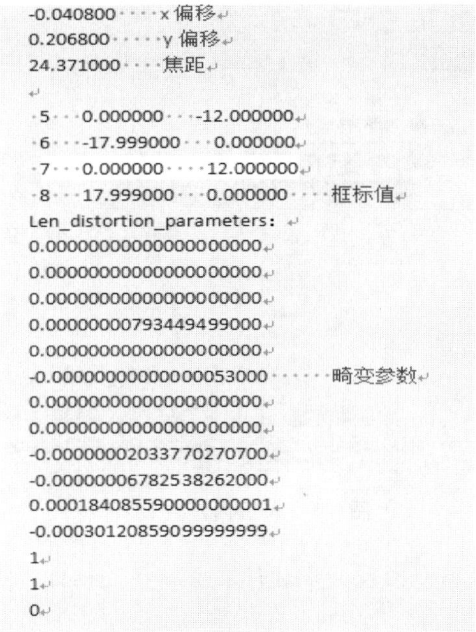

```
-0.040800 ····x 偏移
0.206800 ····y 偏移
24.371000 ····焦距

·5··0.000000··-12.000000
·6··-17.999000··0.000000
·7··0.000000··12.000000
·8··17.999000··0.000000 ····框标值
Len_distortion_parameters:
0.0000000000000000000000
0.0000000000000000000000
0.0000000000000000000000
0.0000000793449499000
0.0000000000000000000000
-0.0000000000000000053000 ····畸变参数
0.0000000000000000000000
0.0000000000000000000000
-0.00000002033770270700
-0.00000006782538262000
0.000184085590000000001
-0.000301208590999999999
1
1
0
```

图 13　导入相机文件窗口

第 2 节　内定向

影像内定向批处理:选择"**影像**"节点,点击按钮 ⊕ ,程序即开始内定向自动批处理,内定向结果在"**输出窗口**"显示。如图 14 所示。

图 14　影像内定向结果输出显示窗口

人工内定向：如果自动内定向处理失败或精度不高时，在影像列表下点击需要进行内定向的影像，再点击内定向按钮⊕|，如图 15 所示。

图 15　人工内定向窗口

进入编辑界面后，可点击方向按钮来选择需要编辑的框标，然后在窗口中调整测标至框标中心，如图 16 所示。

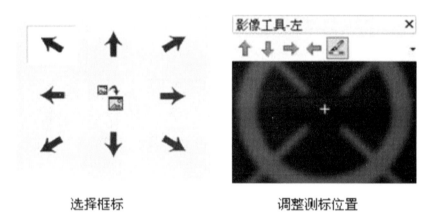

选择框标　　　　　　　　　　　　调整测标位置

图 16　人工内定向编辑界面

第 3 节　相对定向

一、创建立体像对

生成相应的产品节点。选择工程节点，点击右键选择"创建立体像对"即可生成立体像对，这种方法是一次性创建所有像对，如图 17 所示。

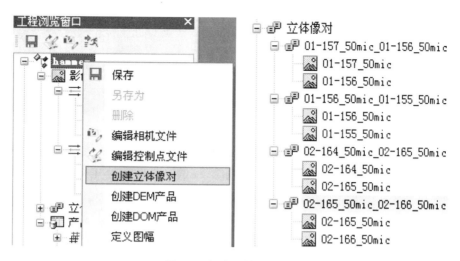

图 17　创建立体像对窗口

　　也可以在主界面"**工程浏览窗口**"中找到影像节点，然后将需要用来创建立体像对的影像选中（用 **Shift**+鼠标左键），选中后单击鼠标右键，在弹出的右键菜单中选择"**创建立体像对**"选项。

二、相对定向

　　选择需要处理的立体像对，点击按钮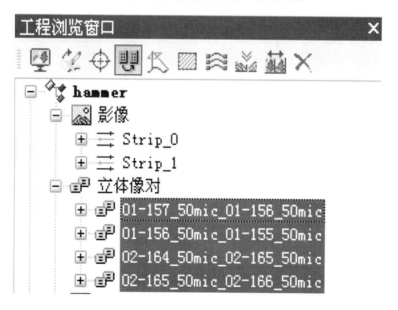，就可以对所选立体像对进行自动批处理，并在"输出窗口"显示匹配点、上下视差等相关信息。如图 18 所示。

图 18　相对定向窗口

也可以对单个模型做相对定向。选择需要处理的立体像对，点击按钮，如图 19 所示。

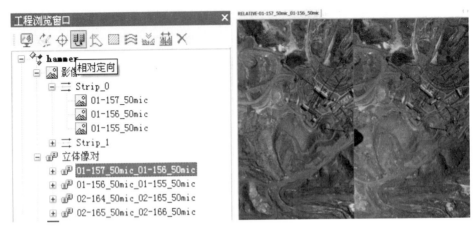

图 19　单个模型相对定向界面

点击按钮![icon]，自动做相对定向处理，处理的结果在"**输出窗口**"中列出，"**对象属性**"窗口会列出相对定向点的上下视差。如图 20 所示。

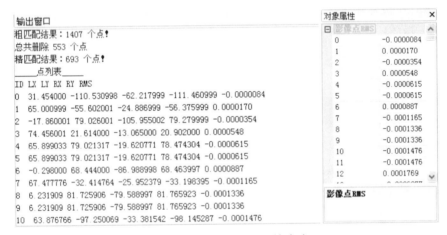

图 20　自动相对定向结果输出窗口

第 4 节　绝对定向

一、添加控制点

在相对定向界面中，依据模型对应的控制片，在影像窗口中找到控制点大致位置后，用鼠标左键单击该位置，然后在左右微调影像窗口调整测标至控制点位置，接着在左微调影像窗口的编辑栏中输入相应的控制点名，点击按钮![icon]，即将此控制点添加到了立体模型中。同样可添加其他控制点。单击左微调影像窗口的按钮![icon]，可在立体模式下添加控制点。如图21 所示。

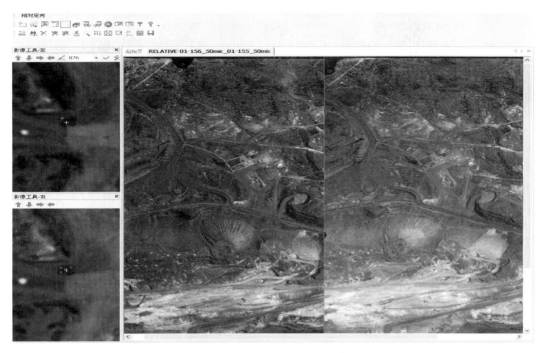

图 21 绝对定向添加控制点

当添加到三个控制点时，会出现"**调整**"对话框，如图 22 所示。

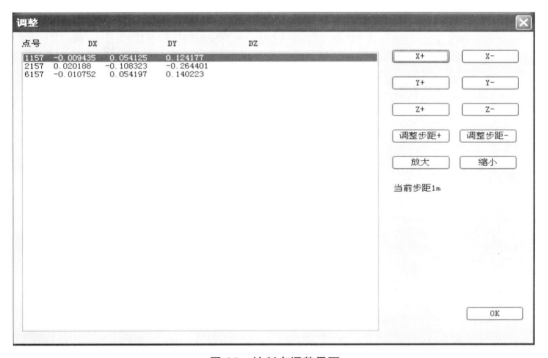

图 22 控制点调整界面

点击"OK"进行绝对定向，单击全屏按钮，然后单击控制点预测按钮，就可以依据预测点对该模型的剩余控制点进行编辑，如图 23 所示。

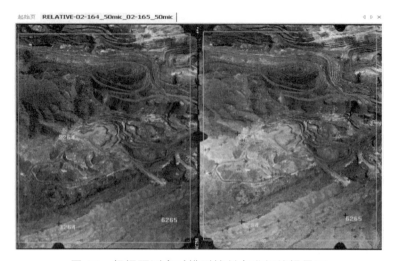

图 23　根据预测点对模型控制点进行编辑界面

二、绝对定向

控制点添加完成后，保存结果，然后在"**工程浏览窗口**"中选择该模型，点击绝对定向按钮，即可做绝对定向处理，相关定向信息会在"**输出窗口**"中列出，如图 24 所示。

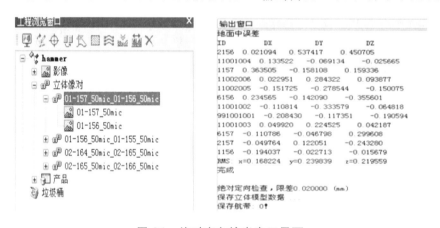

图 24　绝对定向输出窗口界面

第5节　核线采样与影像匹配

一、核线采样

在相对定向界面中，单击全屏按钮，然后单击定义核线范围按钮，在影像上用鼠标拉框定义核线影像的采集范围，若没有定义核线范围，程序会自动按照重叠区生成最大核线范围。定义完成后，存盘退出相对定向界面，在"工程浏览窗口"中选择相应模型，点击按钮█，即可完成核线影像重采样。鼠标拉框定义核线范围如图 25 所示。

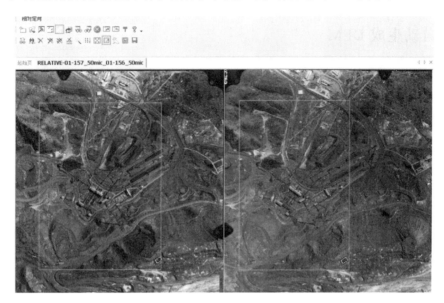

图 25　核线采样界面

二、影像匹配

在"**工程浏览窗口**"中选择模型，并在"**对象属性**"窗口设定相关参数。点击按钮█，即可自动完成影像匹配。如图 26 所示。

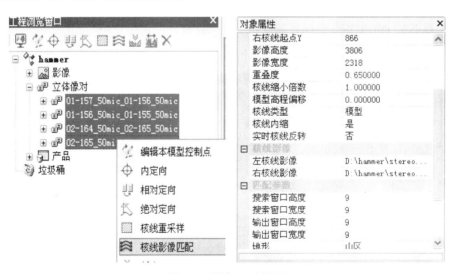

图 26　影像匹配界面

如果只是采集数据不生成 DEM 和 DOM 的话，可以直接跳过这部分内容，直接到 Feature One 部分开始。

第 6 节　生成 DEM

一、自动生成 DEM

在工程视图的 DEM 节点下选择相应的 DEM 模型（在右侧属性窗口中可设定相关匹配参数），点击按钮 ✖，即可完成 DEM 的自动生成处理，如图 27 所示。

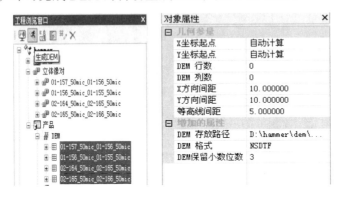

图 27　自动生成 DEM 窗口界面

注意：也可以直接采用全区匹配的方式生产 DEM，特别是小飞机数据尤为适用，直接采用全区匹配的方式生产大的 DEM 数据。

二、编辑 DEM

在工程视图的 DEM 节点下选择需要编辑的 DEM，点击按钮 ✖，进入 DEM 编辑界面，如图 28 所示。

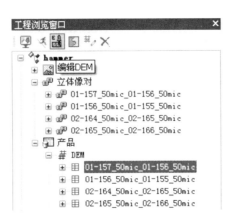

图 28　DEM 编辑界面

（1）平滑功能：在面编辑状态下（利用回车键可以在线编辑与面编辑状态间切换），在属性窗口中设定平滑度为 1~4 间的任意值后，在立体窗口单击左键确认，然后用鼠标左键选择需要平滑处理的区域，按右键结束后，再按下快捷键"s"或按钮 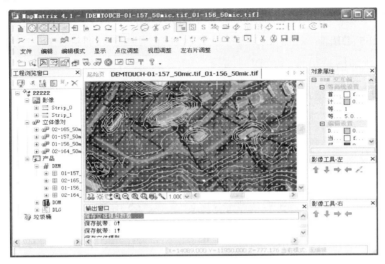，即可对该区域作平滑处理，如图 29 所示。

图 29　DEM 编辑平滑处理界面

（2）匹配点内插功能：在面编辑状态下，点击鼠标左键选择需要内插的区域（Ctrl+鼠标左键可以拉矩形框选范围），按右键结束后，按下快捷键"o"或按钮 ，即可对该区域作匹配点内插处理。

（3）量测点内插功能：在面编辑状态下，用鼠标滚轮或脚盘调整测标，使其贴准立体影像，点击鼠标左键选择需要内插的区域，按右键结束后，按下快捷键"I"或按钮 ，即可对该区域作量测点内插处理。

（4）局部三角网内插：在线编辑状态下，用鼠标滚轮或脚盘调整测标，使其贴准立体影像，点击鼠标左键采集部分点、线、面（快捷键"T"可切换点、线、面采集的状态），采集完成后，按下快捷键"I"即可对之前采集的特征构网并更新该区域的 DEM 数据（快捷键"Y"可调整三角网及特征的显示顺序），如图 30 所示。

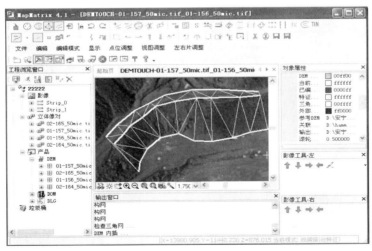

图 30　DEM 局部三角形内插界面

（5）导入外部矢量数据局部三角网内插：在线编辑状态下，选择按钮 ，在弹出的窗口中选择该模型对应的矢量数据文件（*.dxf 格式数据），程序会加载该矢量文件并叠加到立体模型上，再使用鼠标左键圈出需要构网内插 DEM 的区域，按下按钮 ，即可对选中的区域构网并内插该区域的 DEM。若需要添加特征，可在此基础上添加特征点、线、面，然后再按下快捷键"I"，新加的特征即参与构网内插。如图 31 所示。

图 31　导入外部矢量数据局部三角网内插界面

三、拼接 DEM

在工程视图的 DEM 节点下选择需要参与拼接的 DEM（见图 32），点击按钮，会弹出如图 33 所示的对话框。

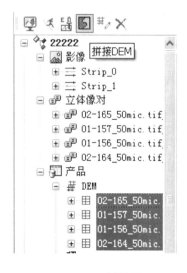

图 32　DEM 拼接界面

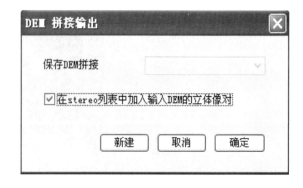

图 33　DEM 拼接输出界面

选择"**新建**"按钮，新建一个 DEM 名称，如图 34 所示。

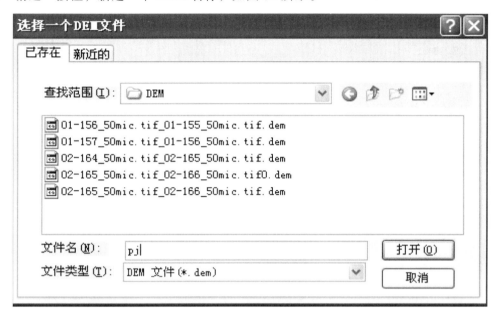

图 34　新建 DEM 界面

设定名称后，选择"**打开**"按钮，打开后拼接窗口如图 35 所示。

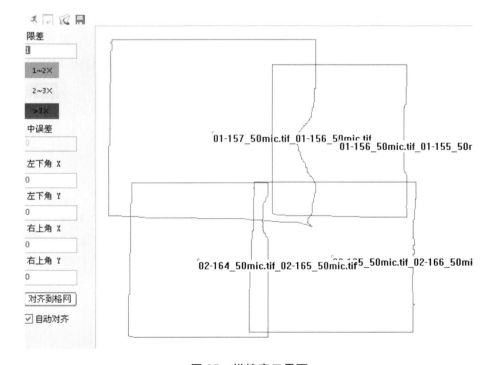

图 35　拼接窗口界面

用鼠标在视图区域内拉框设定坐标范围，或者在左边的编辑框中输入坐标，左上角编辑框可设定拼接限差，设定完成后，选择拼接按钮，如图 36 所示。

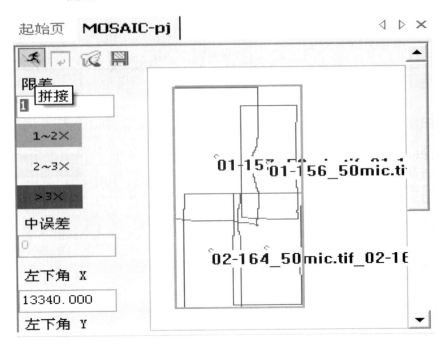

图 36   拼接执行窗口界面

拼接结果如图 37 所示。在此视图中，鼠标左键双击超限区域任意位置，程序会自动跳转到 DEM 编辑模块，并自动链接到鼠标点对应的坐标区域，用户可直接编辑已经拼接过的 DEM。

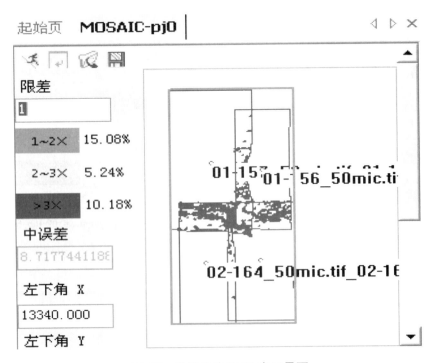

图 37   拼接后的 DEM 窗口界面

　　当移至模型边界时，程序会自动跳转到下个模型。若拼接结果都在限差范围内，用户可设定回写单个 DEM 文件，单击按钮▉，即可回写参与拼接的 DEM 文件，如图 38 所示。

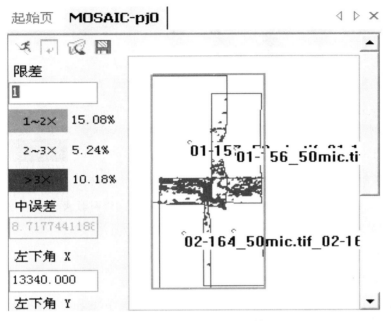

图 38　参与拼接的 DEM 文件界面

参 考 文 献

[1]　李德仁，周月琴，金为铣. 摄影测量与遥感概论[M]. 北京：测绘出版社，2003.

[2]　王之卓. 摄影测量原理[M]. 北京：测绘出版社，1979.

[3]　王之卓. 摄影测量原理续编[M]. 北京：测绘出版社，1986.

[4]　张祖勋，张剑清. 数字摄影测量学[M]. 武汉：武汉测绘科技大学出版社，1996.

[5]　邹小军. 摄影测量与遥感[M]. 北京：测绘出版社，2011.

[6]　林卉，王仁礼. 摄影测量学基础[M]. 徐州：中国矿业大学出版社，2013.

[7]　林君建，苍桂华. 摄影测量学[M]. 北京：国防工业出版社，2014.

[8]　张剑清，潘励，王树根. 摄影测量学[M]. 武汉：武汉大学出版社，2003.

[9]　王佩军，徐亚明. 摄影测量学[M]. 武汉：武汉大学出版社，2005.

[10]　刘广社，高琼，张丹. 摄影测量与遥感[M]. 武汉：武汉大学出版社，2013.

[11]　张保明，龚志辉，郭海涛.摄影测量学[M]. 北京：测绘出版社，2009.

[12]　张剑清，潘励，王树根. 摄影测量学[M]. 武汉：武汉大学出版社，2012.

[13]　林卉，王仁礼. 摄影测量学基础[M]. 徐州：中国矿业大学出版社，2013.

[14]　韩玲，李斌，顾俊凯，等. 航空与航天摄影技术[M].武汉：武汉大学出版社，2008.

[15]　孙家抦. 遥感原理与应用[M]. 武汉：武汉大学出版社，2014.

[16]　贾永红. 数字图像处理[M]. 武汉：武汉大学出版社，2002.

[17]　王青祥，李晓，盛庆伟，等. 航空摄影测量学[M]. 郑州：黄河水利出版社，2011.

[18]　李德仁，周月琴，金为铣. 摄影测量与遥感概论[M].北京：测绘出版社，2001.

[19]　赵红. 摄影测量与遥感技术[M]. 武汉：武汉理工大学出版社，2016.

[20]　朱肇光，孙护，崔炳光. 摄影测量学[M]. 北京：测绘出版社，1995.

[21]　王敏. 摄影测量与遥感[M]. 武汉：武汉大学出版社，2011.

[22]　郭学林. 航空摄影测量外业[M]. 郑州：黄河水利出版社，2011.